"1+X"职业技能等级证书配套系列教材

U0184765

工业机器人产品质量安全检测（初级）

荣　亮　主编

哈尔滨工业大学出版社

内 容 简 介

本书较为全面地介绍了工业机器人产品整机性能和关键零部件性能的检测试验及实施方法。全书共5章,介绍了工业机器人安装与操作,工业机器人整机和关键零部件的检测试验,试验记录和质量记录的要求。通过对本书的学习,读者可以初步掌握工业机器人产品质量检测所用到的试验设备的使用与维护,了解工业机器人产品的试验实施程序,可规范地完成试验记录和质量记录。

本书可以作为《工业机器人产品质量安全检测》职业技能等级证书(初级)试点的中职院校开展培训与教学的用书,也可供从事工业机器人产品质量检测的工程技术人员参考使用。

图书在版编目(CIP)数据

工业机器人产品质量安全检测:初级/荣亮主编
. —哈尔滨:哈尔滨工业大学出版社,2022.1
　　ISBN 978－7－5603－9803－7

　　Ⅰ.①工…　　Ⅱ.①荣…　　Ⅲ.①工业机器人－工业产品
－质量检验－技术培训－教材　　Ⅳ.①TP242.2

中国版本图书馆 CIP 数据核字(2021)第 219338 号

策划编辑　王桂芝
责任编辑　陈雪巍　林均豫
出版发行　哈尔滨工业大学出版社
社　　址　哈尔滨市南岗区复华四道街 10 号　邮编 150006
传　　真　0451－86414749
网　　址　http://hitpress.hit.edu.cn
印　　刷　黑龙江艺德印刷有限责任公司
开　　本　787 mm×1 092 mm　1/16　印张 8.75　字数 207 千字
版　　次　2022 年 1 月第 1 版　2022 年 1 月第 1 次印刷
书　　号　ISBN 978－7－5603－9803－7
定　　价　32.00 元

(如因印装质量问题影响阅读,我社负责调换)

《工业机器人产品质量安全检测》系列

编写委员会

主　编　荣　亮

参　编　（按姓氏首字母排序）

董雪松　李　星　隋春平

王恒之　于洪鹏　张广志

（以上人员均来自中国科学院沈阳自动化研究所/
国家机器人质量检验检测中心（辽宁））

前　　言

工业机器人是先进制造业中的重要设备,在支撑智能制造、提升生产效率等方面起重要作用。机器人智能制造装备产业是为国民经济各行业提供技术装备的战略性产业。机器人的研发、制造和应用水平是衡量一个国家科技创新和高端制造业水平的重要指标。工业机器人产品的质量安全表征机器人产品自身的性能,是产品竞争力的体现。我国在机器人产业增长的同时,对于机器人质量安全检测的需求也日益凸显,工业机器人产品质量安全越来越受重视。

国务院发布的《国家职业教育改革实施方案》(国发〔2019〕4 号)文件中提出"启动 1＋X 证书制度试点工作"。该"1＋X 证书制度试点工作"指出,要进一步发挥好学历证书的作用,夯实学生可持续发展基础,鼓励职业院校学生在获得学历证书的同时,积极取得多类职业技能等级证书,拓展就业创业能力。

本系列书籍包括《工业机器人产品质量安全检测(初级)》《工业机器人产品质量安全检测(中级)》和《工业机器人产品质量安全检测(高级)》。该系列书籍以工业机器人产品质量安全检测职业技能等级标准(2021 年 1.0 版)为指导,由相关培训评价组织的工作人员组织编写,可作为工业机器人产品质量安全检测职业技能的培训用书。

本书围绕工业机器人产品质量安全检测职业技能等级(初级)的要求组织内容。本书首先对工业机器人进行了介绍,包括其基础知识、安装及基本操作;其次对工业机器人整机性能(主要为运动性能、环境适应性、电气安全和电磁兼容性 4 个性能)和关键零部件(工业机器人用减速器和伺服电机)性能的检测试验及实施进行了讲解;最后对试验记录及质量记录的要求进行了介绍。通过对本书的学习,读者可以初步掌握工业机器人产品质量检测用试验设备的使用与维护方法,了解工业机器人产品的试验实施程序,可规范地完成试验记录和质量记录。

本书由荣亮主编,参与编写的还有王恒之、于洪鹏、张广志、董雪松、李星,具体分工如下:王恒之编写第 1 章和第 4 章,于洪鹏编写 2.1 节,张广志编写 2.2 节,董雪松编写 3.1 节,李星编写 3.2 节,其余章节由荣亮编写。全书由荣亮审校和统稿。

本书中第 1 章部分内容参考了上海 ABB 工程有限公司生产制造的工业机器人产品的产品手册和操作员手册,2.2 节部分内容参考了苏州苏试试验仪器股份有限公司和苏州东菱振动试验仪器有限公司生产制造的振动台设备的使用说明书,以及重庆哈丁科技有限公司生产制造的温湿度试验设备的使用说明书。

由于编者水平和经验有限,书中难免有疏漏及不足之处,恳请读者批评指正。

编　者
2021 年 10 月

目　　录

第 1 章

工业机器人安装与操作

1.1　工业机器人基础知识

1.1.1　工业机器人系统

1. 工业机器人的定义

机器人(Robot)一词源自于捷克著名剧作家 Karel Capek(卡雷尔·恰佩克)1921 年所创作的科幻剧本《罗萨姆的万能机器人》,该剧本中的人造机器被取名为 Robota(捷克语意思是强迫劳动),因此,英文"Robot"一词开始代表机器人。美国发明家 George Devol(乔治·德沃尔)最早提出了工业机器人的概念,在 1954 年申请了专利,并在 1961 年获得授权。1958 年,美国著名机器人专家 Joseph F·Engelberger(约瑟夫·恩盖尔伯格)建立了 Unimation 公司,并利用 George Devol 的专利在 1959 年研制出世界上第一台真正意义上的工业机器人。

工业机器人自从 1959 年问世以来,由于它能够协助人类完成单调、频繁和重复的长时间工作,或代替人类在危险、恶劣环境下的作业,因此得到了快速的发展。为了能够宣传机器人产品,规范和引导机器人产业的发展,世界主要机器人生产与使用国相继成立了机器人行业协会,主要有国际机器人联合会(The International Federation of Robotics, IFR)、美国机器人协会(The Robotic Industries Association, RIA)、日本机器人协会(Japan Robot Association, JRA)等。由于机器人的应用领域众多、发展速度快,加上它又涉及有关人类的概念,至今尚未形成一个统一、准确、世界所公认的严格定义。目前在相关资料中使用较多的机器人定义主要有：

（1）美国机器人协会（RIA）的定义：机器人是一种"用于移动各种材料、零件、工具或专用装置的，通过可编程的动作来执行各种任务的，具有编程能力的多功能机械手"。

（2）日本机器人协会（JRA）的定义：机器人是一种"装备有记忆装置和末端执行器的，能够转动并通过自动完成各种移动来代替人类劳动的通用机器"。同时还进一步分为两种情况来定义：工业机器人是一种"能够执行人体上肢（手和臂）类似动作的多功能机器"；智能机器人是一种"具有感觉和识别能力，并能够控制自身行为的机器"。

（3）国际标准化组织（International Organization for Standardization，ISO）在 *Robots and robotic devices — Vocabulary*（ISO 8373：2012）中的定义：工业机器人是一种"自动控制的、可重复编程、多用途的操作机，可对 3 个或 3 个以上轴进行编程。它可以是固定式或移动式。在工业自动化中使用"。

我国的国家标准《机器人与机器人装备 词汇》（GB/T 12643—2013）使用翻译法等同采用国际标准 *Robots and robotic devices — Vocabulary*（ISO 8373：2012）。因此，我国对工业机器人的定义与 ISO 是一致的。

2. 工业机器人的组成

工业机器人是一种功能完整、可独立运行的典型的机电一体化设备，具有控制器、驱动系统和操作界面，可对工业机器人进行手动、自动操作及编程，依靠自身的控制能力来实现所需要的功能。通常，工业机器人主要由本体、控制器和示教器组成，如图 1.1 所示。

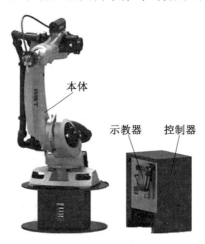

本体

示教器　控制器

图 1.1　工业机器人构成

机器人本体是用来完成各种作业的执行机构，包括机械部件及安装在机械部件上的驱动电机、传感器等。关节型工业机器人的机械臂是由关节连在一起的许多机械连杆的集合体。工业机器人本体的机械结构如图 1.2 所示。通常，关节包括移动关节和旋转关节。移动关节仅允许连杆做直线移动；旋转关节仅允许连杆之间做旋转运动。由关节—连杆结构所构成的机械臂大体可分为基座、腰部、臂部（大臂和小臂）和手腕 4 部分，由 4 个独立运动关节（腰关节、肩关节、肘关节和腕关节）串联而成。

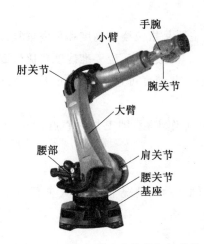

图 1.2　工业机器人本体的机械结构

机器人控制器是根据指令以及传感信息控制机器人完成指定运动或作业任务的装置，是决定机器人功能和性能的主要因素。机器人控制器通常具有示教、记忆、位置伺服、坐标设定和与外围设备通信等基本功能。通过控制器可实现对机器人的操纵，以及协调机器人与周边设备的关系。

机器人示教器也称示教盒，主要由显示屏、急停按钮、使能按钮和操作按键组成，可由操作者手持来控制机器人运动。它是机器人的人机交互接口，通过示教器基本上可完成机器人的所有操作，如机器人的点动，编写、测试和运行机器人程序，设定、查询机器人状态设置和位置等。

1.1.2　工业机器人技术指标

由于机器人的结构、用途和要求不同，机器人的性能也有所不同。一般而言，机器人说明资料中提及的主要技术参数有自由度、负载能力、工作精度、工作空间、运动速度等。此外，还有机器人外形尺寸与质量、安装方式、防护等级、环境要求、供电电源要求，以及使用、安装、运输有关的其他要求。

工业机器人主要技术参数含义如下：

（1）自由度。

自由度用以确定物体在空间中独立运动的变量（最大数为 6），反映机器人动作的灵活性。目前，焊接、涂装机器人多为 6 个自由度，而搬运、码垛和装配机器人多为 4～6 个自由度。

（2）额定负载。

额定负载是指正常操作条件下，作用于工业机器人的机械接口或移动平台且不会使工业机器人性能降低的最大负载。额定负载包括末端执行器、附件及工件的惯性作用力。

目前，工业机器人的额定负载主要覆盖范围为 0.5～800 kg。

(3)工作精度。

工业机器人的工作精度主要是指位姿准确度和位姿重复性。工业机器人具有位姿准确度低,位姿重复性高的特点。一般而言,位姿准确度要比位姿重复性低1~2个数量级。

目前,工业机器人的位姿重复精度可达±0.01 mm~±0.5 mm。

(4)工作空间。

工作空间也称工作范围、工作半径,即工具中心点(Tool Center Point,TCP)所能掠过的空间,通常用图形来表示。

(5)最大工作速度。

最大工作速度是指在各轴联动的情况下,机器人工具中心点(TCP)所能达到的最大线速度,是影响生产效率的重要指标。

(6)额定电压。

额定电压也称标称电压。通常工业机器人的额定电压为220 V 或者380 V。

(7)最大功率。

最大功率是指机器人持续工作,保证规定的各项指标情况下的输入功率。

(8)短路电流。

短路电流是指由于电路中的故障或连接错误造成的短路而引起的过电流。

(9)频率。

工业机器人的工作频率通常为50 Hz 或 60 Hz。

在机器人本体和控制柜铭牌信息中通常会给出以下信息:

①制造商的名称和地址,机器的型号和序列号,制造的年份和月份。

②机器的质量。

③电源数据(如最小和最大电压)。如果使用液压、气动系统,还应有相应的数据。

④可供运输和安装使用的起重点。

⑤尺寸范围和负载能力。

1.2 安全作业要求

1.2.1 人员要求

(1)普通操作者。

普通操作者主要负责打开和关闭系统、开始和停止机器人程序以及将系统从警报状态恢复至正常状态。工业机器人工作过程中,应禁止普通操作者进入由安全护栏封闭的区域进行相应操作。

(2)程序员或者示教操作者。

程序员或者示教操作者主要负责示教机器人、调整外围设备和其他必须在由安全护栏封闭的区域内进行的工作。程序员或者示教操作者必须接受专门的机器人课程培训。

(3)维护工程师。

维护工程师主要负责修理和维护机器人。维护工程师必须接受专门的机器人课程培训。

1.2.2　场所要求

为了保证工作场所内良好的工作秩序,提高工作效率和生产质量,减少浪费,节约物料成本和时间成本,在工作场所应遵守 7S 管理的要求。

7S 管理的内容为:

(1)整理。

不是仅仅将物品打扫干净后整齐摆放,而是"处理"所有持怀疑态度的物品,从而增加作业面积,保证物流畅通,防止误用等。

(2)整顿。

将需要的物品合理放置,加以标识,以便于任何人取放,从而使工作场所整洁明了,减少取放物品的时间,提高工作效率,保持井井有条的工作区秩序。

(3)清扫。

清除现场内的脏污、清除作业区域的物料垃圾,保证岗位无垃圾、灰尘,精心保养设备,创造一个一尘不染的环境。

(4)清洁。

经常性地进行整理、整顿、清扫工作,并对以上三项进行定期与不定期的监督检查,使整理、整顿和清扫工作成为一种惯例和制度。

(5)素养。

让员工养成良好的习惯,成为一个遵守规章制度并具有良好工作素养的人。

(6)安全。

清除安全隐患,排除险情,预防安全事故,保障员工的人身安全,保证生产的连续性,减少安全事故造成的经济损失。

(7)节约。

合理利用时间、空间、能源等,以发挥它们的最大效能,从而创造一个高效率的、物尽其用的工作场所。

1.2.3　个人劳动防护

工作人员应根据工作场所、工作岗位的要求,正确选择防护用品,并应了解防护用品的功能、性能及正确使用方法。使用防护用品前,必须对其严格检查,损坏或磨损严重的应及时更换。防护用品应存放在便于取用的场所,定期检查并进行妥善维护和保养。

常用的防护用品主要有:

（1）安全帽。

安全帽主要用于防止物体打击伤害或高处坠落的物体伤害头部。

（2）防护眼镜和防护面罩。

防护眼镜和防护面罩主要用于防止异物进入眼睛，防止化学性物品、强光、激光、紫外线和红外线等对眼睛的伤害。

（3）防护鞋。

防护鞋主要用于防止脚部受到诸如物体砸伤或刺割伤害、高低温伤害、酸碱性化学品伤害、触电伤害等。

（4）呼吸防护器。

呼吸防护器根据结构和原理可分为过滤式和送风隔离式两大类，用于防止粉尘和有害化学物质的危害。使用呼吸防护器可以防止或减少尘肺病、职业性中毒的发生。

（5）护耳器。

护耳器包括耳塞、耳罩、耳帽，其作用主要是防止噪声危害。

（6）防护手套。

防护手套主要是棉手套，也有用新型橡胶或聚氨脂塑料浸泡制成的手套，主要用于防止火与高温、低温的伤害，电、化学物质的伤害，撞击、切割、擦伤，微生物侵害以及感染等。

（7）安全带。

安全带主要用于预防作业人员从高处坠落。

1.2.4　安全标识

安全标识由安全色、几何图形和形象的图形等构成，用以表达特定的安全信息。

（1）安全色是用来表达禁止、警告、指令和提示等安全信息的颜色。它的作用是使人们能够迅速发现和分辨安全标志，提醒人们注意安全，以防发生事故。在国内，安全色采用了红、黄、蓝、绿4种颜色。其中，红色含义是禁止和紧急停止，也表示防火；蓝色含义是必须遵守；黄色含义是警告和注意；绿色含义是提示、安全状态和通行。

（2）对比色是指能使安全色更加醒目的颜色，也称为反衬色。对比色有黑白两种颜色。黄色安全色的对比色为黑色；红、蓝、绿安全色的对比色均为白色。而黑、白两色互为对比色。红色与白色间隔条纹的含义是禁止越过，交通、公路上用的防护栏以及隔离墩常涂此色。黄色与黑色间隔条纹的含义是警告、危险，工矿企业内部的防护栏杆、起重机吊钩的滑轮架、平板拖车排障器、低管道常涂此色。蓝色与白色间隔条纹的含义是指示方向，如交通指向导向标。

（3）通常，安全标志分为禁止标识、警告标识、指令标识和提示标识4类。

①禁止标识的含义是禁止人们的不安全行为。禁止标识的几何图形是带斜杠的圆环，图形背景为白色，圆环和斜杠为红色，图形符号为黑色。常见禁止标识见表1.1。

表 1.1　常见禁止标识

编号	图形标识	名称	设置范围和地点
1		禁止吸烟 No smoking	有甲、乙、丙类火灾危险物质的场所和禁止吸烟的公共场所等,如:木工车间、油漆车间、沥青车间、纺织厂、印染厂等
2		禁止堆放 No stocking	消防器材存放处、消防通道及车间主通道等
3		禁止启动 No starting	暂停使用的设备附近,如:设备检修、更换零件等
4		禁止合闸 No switching on	设备或线路检修时,相应开关附近
5		禁止叉车和厂内机动车辆通行 No access for fork lift trucks and other industrial vehicles	禁止叉车和其他厂内机动车辆通行的场所
6		禁止靠近 No nearing	不允许靠近的危险区域,如:高压试验区、高压线、输变电设备的附近

续表 1.1

编号	图形标识	名称	设置范围和地点
7		禁止攀登 No climbing	不允许攀爬的危险地点，如：有坍塌危险的建筑物、构筑物、设备旁
8		禁止触摸 No touching	禁止触摸的设备或物体附近，如：裸露的带电体、炽热物体，具有毒性、腐蚀性物体等处
9		禁止戴手套 No putting on gloves	戴手套易造成手部伤害的作业地点，如：旋转的机械加工设备附近

②警告标识的含义是提醒人们注意周围环境，以避免可能发生的危险。警告标识的几何图形是三角形，图形背景是黄色，三角形边框及图形符号均为黑色。常见警告标识见表 1.2。

表 1.2　常见警告标识

编号	图形标识	名称	设置范围和地点
1		注意安全 Warning danger	易造成人员伤害的场所及设备等
2		当心触电 Warning electric shock	有可能发生触电危险的电器设备和线路，如：配电室、开关等

续表 1.2

编号	图形标识	名称	设置范围和地点
3		当心电缆 Warning cable	在暴露的电缆或地面下有电缆处施工的地点
4		当心自动启动 Warning automatic start-up	配有自动启动装置的设备
5		当心机械伤人 Warning mechanical injury	易发生机械卷入、轧压、碾压、剪切等机械伤害的作业地点
6		当心吊物 Warning overhead load	有吊装设备作业的场所，如：施工工地、港口、码头、仓库、车间等
7		当心挤压 Warning crushing	有产生挤压的装置、设备或场所，如自动门、电梯门、车站屏蔽门等
8		当心夹手 Warning hands pinching	有产生挤压的装置、设备或场所，如自动门、电梯门、列车车门等

续表 1.2

编号	图形标识	名称	设置范围和地点
9		当心高温表面 Warning hot surface	有灼烫物体表面的场所
10		当心叉车 Warning fork lift trucks	有叉车通行的场所

③指令标识的含义是强制人们必须做出某种动作或采用防范措施。指令标识的几何图形是圆形，背景为蓝色，图形符号为白色。常见指令标识见表 1.3。

表 1.3　常见指令标识

编号	图形标识	名称	设置范围和地点
1		必须戴防护眼镜 Must wear protective goggles	对眼睛有伤害的各种作业场所和施工场所
2		必须戴安全帽 Must wear safety helmet	头部易受外力伤害的作业场所，如：矿山、建筑工地、伐木场、造船厂及起重吊装处等
3		必须戴防护手套 Must wear protective gloves	易伤害手部的作业场所，如：具有腐蚀、污染、灼烫、冰冻及触电等危险的作业地点

续表 1.3

编号	图形标识	名称	设置范围和地点
4		必须穿防护鞋 Must wear protective shoes	易伤害脚部的作业场所，如：具有腐蚀、灼烫、触电、砸（刺）伤等危险的作业地点
5		必须接地 Must connect an earth terminal to the ground	防雷、防静电场所

④提示标识的含义是向人们提供某种信息（指示目标方向、标明安全设施或场所等）。提示标识的几何图形是长方形，按长短边的比例不同，分为一般提示标识和消防设备提示标识两类。提示标识的图形背景为绿色，图形符号及文字为白色。常见提示标识见表 1.4。

表 1.4　常见提示标识

编号	图形标识	名称	设置范围和地点
1		紧急出口 Emergent exit	便于安全疏散的紧急出口处，与方向箭头结合设在通向紧急出口的通道、楼梯口等处
2		急救点 First aid	设置现场急救仪器设备及药品的地点

工业机器人产品质量安全检测（初级）

续表 1.4

编号	图形标识	名称	设置范围和地点
3		应急电话 Emergency telephone	安装应急电话的地点
4		紧急医疗站 Doctor	有医生的医疗救助场所

1.3 工业机器人的安装

1.3.1 环境要求

在使用机器人时,应提供安全护栏及其他的安全措施。未经许可,非操作人员不能擅自进入机器人工作区域。

通常情况下,机器人不得在下列任何一种情况下使用:

(1)易燃环境。

(2)易爆环境。

(3)放射性环境。

(4)十分潮湿的环境。

(5)使用工业机器人搭载人或动物。

(6)攀爬或悬挂于工业机器人之下。

1.3.2 常用安装工具

1. 螺丝刀

常用螺丝刀(图 1.3)有一字型和十字型,用来旋转一字或十字槽型的螺钉,具有多种规格。通常说的大、小螺丝刀是用手柄以外的刀体长度来表示的,常用的有 100 mm、150 mm、200 mm、300 mm 和 400 mm 等。使用时应注意使旋杆端部与螺钉槽相吻合,否则容易损坏螺丝刀或螺钉的十字槽。

图 1.3　螺丝刀

2. 扳手

扳手是一种常用的安装与拆卸工具,通常在柄部的一端或两端制有夹持螺栓或螺母的开口或套孔,使用时沿螺纹旋转方向在柄部施加外力,就能拧转螺栓或螺母。

常用的扳手有以下几类:

(1)内六角扳手。

内六角扳手(图 1.4)是一种成 L 形的六角棒状扳手,专门用于拧转内六角螺钉/螺栓,它通过扭矩施加对螺丝的作用力,大大降低了使用者的用力强度。内六角扳手通常有英制和公制两种类型。

图 1.4　内六角扳手

(2)梅花扳手。

梅花扳手(图 1.5)两端呈花环状,其内孔是由两个正六边形相互同心错开 30°而成,适用于工作空间狭小,不能使用普通扳手的场合。很多梅花扳手都有弯头,常见的弯头角度在 10°~45°之间,从侧面看旋转螺栓部分和手柄部分是错开的。这种结构方便于拆卸装配在凹陷空间的螺栓或螺母,并可以为手指提供操作间隙,以防止擦伤。梅花扳手有多种规格,使用时要选择与螺栓或螺母大小对应的扳手。

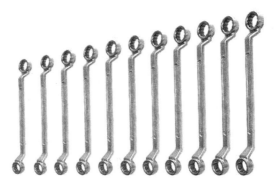

图1.5　梅花扳手

（3）开口扳手。

开口扳手（图1.6）一端或两端制有固定尺寸的开口，用以拧转一定尺寸的螺栓或螺母。

图1.6　开口扳手

（4）活扳手。

活扳手（图1.7）的开口宽度可在一定尺寸范围内进行调节，能拧转不同规格的螺栓或螺母。该扳手的结构特点是固定钳口制成带有细齿的平钳凹，向下按动蜗杆，活动钳口可迅速取下，以调整钳口位置。用活扳手的扳口夹持螺母时，固定钳口在上，活动钳口在下。

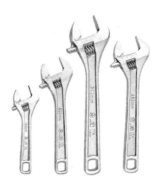

图1.7　活扳手

（5）套筒扳手。

套筒扳手（图 1.8）是拧紧或卸松螺钉或螺栓的一种专用工具，由一套各种规格的带六角孔或十二角孔的套筒以及摆手柄、接杆、万向接头、旋具接头、弯头手柄等多种附件组成，特别适用于拧转位于十分狭小或凹陷很深处的螺栓或螺母。

图 1.8　套筒扳手

（6）力矩扳手。

力矩扳手（图 1.9）又称作扭矩扳手、扭矩可调扳手。它在拧转螺栓或螺母时，能显示出所施加的扭矩，或者当施加的扭矩到达规定值后，会发出光或声信号。在螺钉和螺栓的紧密度至关重要的情况下，使用力矩扳手可以允许操作员施加特定扭矩值。

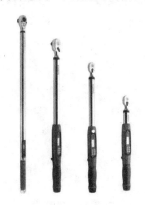

图 1.9　力矩扳手

3. 钳子

钳子是一种用于夹持、固定加工工件或者扭转、弯曲、剪断金属丝线的手工工具。钳子的外形呈 V 形，通常包括手柄、钳腮和钳嘴 3 个部分。

常用的钳子有以下几类：钢丝钳，尖嘴钳，斜口钳和剥线钳。

（1）钢丝钳。

钢丝钳（图 1.10）又称作老虎钳、剪线钳，由钳头和钳柄组成，钳头包括钳口、齿口、刀口和铡口。

钳子的齿口可用来紧固或拧松螺母；刀口可用来剖切软电线的橡皮或塑料绝缘层，也可用来剪切电线、铁丝；铡口可以用来切断电线、钢丝等较硬的金属线。钳子的绝缘塑料管耐压 500 V 以上，有了它可以带电剪切电线。

　　钢丝钳在使用时，必须检查其绝缘柄，确定绝缘状况良好，否则不得带电操作，以免发生触电事故。用钢丝钳剪切带电导线时，必须单根进行，不得用刀口同时剪切相线和零线或者两根相线，以免造成短路事故。使用钢丝钳时刀口应朝向内侧，便于控制剪切部位。使用中，切忌乱扔工具，以免损坏绝缘塑料管。

图 1.10　钢丝钳

　　（2）尖嘴钳。

　　尖嘴钳（图 1.11）又称作修口钳，由尖头、刀口和钳柄组成，主要用来剪切线径较细的单股导线与多股导线，以及给单股导线接头弯圈、剥塑料绝缘层等。电工用尖嘴钳的钳柄上套有额定电压为 500 V 的绝缘套管。

图 1.11　尖嘴钳

　　（3）斜口钳。

　　斜口钳（图 1.12）又称作偏口钳，用于剪切导线，尤其是剪掉焊接点上多余的线头和印制电路板上插件过长的引线。偏口钳还常用来代替一般剪刀剪切绝缘套管、尼龙扎线卡等。

图1.12 斜口钳

(4)剥线钳。

剥线钳(图1.13)由刀口、压线口和钳柄组成。剥线钳的钳柄上套有额定工作电压为500 V的绝缘套管。剥线钳适宜用于剥除塑料、橡胶绝缘电线、电缆芯线的绝缘皮。

剥线钳使用时应使切口与被剥导线芯线直径相匹配,切口过大则难以剥离绝缘层,切口过小则会切断芯线。

图1.13 剥线钳

4.游标卡尺

游标卡尺(图1.14)是一种测量长度、内外径、深度的量具。游标卡尺由主尺和附在主尺上能滑动的游标两部分构成。主尺一般以毫米为单位,而游标上则有10、20或50个分格。根据分格的不同,游标卡尺可分为十分度游标卡尺、二十分度游标卡尺、五十分度格游标卡尺等。游标卡尺的主尺和游标上有两副活动量爪,分别是内测量爪和外测量爪,内测量爪通常用来测量内径,外测量爪通常用来测量长度和外径。

图1.14 游标卡尺

使用游标卡尺时,用软布将量爪擦干净,使其并拢,查看游标和主尺身的零刻度线是否对齐。如果对齐就可以进行测量，如没有对齐则要记取零误差，游标的零刻度线在尺身零刻度线右侧时为正零误差，在尺身零刻度线左侧时为负零误差。测量时，右手拿住尺身，大拇指移动游标，左手拿待测外径（或内径）的物体，使待测物位于外测量爪之间（或使内测量爪卡进待测物内部），当待测物与量爪紧紧相贴时，即可读数。

读数时首先以游标零刻度线为准在主尺上读取毫米整数，即以毫米为单位的整数部分。然后看游标上第几条刻度线与主尺的刻度线对齐，如第 2 条刻度线与主尺刻度线对齐，则小数部分即为 0.2 mm（若没有正好对齐的线，则取最接近对齐的线进行读数）。如有零误差，则一律用上述结果减去零误差（若零误差为负，则相当于加上相同大小的零误差）。读数结果为：长度 $L=$ 整数部分＋小数部分－零误差。

判断游标上哪条刻度线与主尺刻度线对准，可选定相邻的 3 条线，如左侧的线在主尺对应线之右，右侧的线在主尺对应线之左，中间那条线便可以认为是对准了，游标卡尺读数如图 1.15 所示。

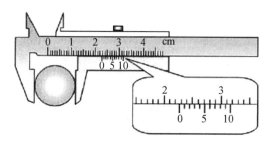

图 1.15　游标卡尺读数

5. 厚度规

厚度规（图 1.16）由薄钢片制成，由若干片不同厚度的规片（尺）组成一组。它主要用来检查两结合面之间的缝隙，也称为"塞尺"或"缝尺"。在每片尺片上都标注有其厚度（单位：mm）。厚度规具有两个平行的测量平面，其长度为 50 mm、100 mm 或 200 mm。测量厚度规格为 0.03～0.1 mm 的厚度规，中间每片相隔 0.01 mm；如果厚度规格为 0.1～1 mm 的厚度规，中间每片相隔 0.05 mm。

因为厚度规的尺片很薄，所以操作时应当特别注意、仔细，否则稍不注意就会将尺片曲伤。如果是若干尺片重合使用，就应将最薄的尺片夹在中间。厚度规在使用前必须先将尺片擦拭干净。在台面（平面）、弧面上塞缝时，先将尺片前端一小段塞进缝内，左手拿尺套，右手食指（尽量靠近工件）压住尺片，靠手指与尺片的摩擦力（有时衬上细纱布）轻轻地向前推。在立缝上塞缝时，左手拿尺套，右手拇、食二指尽量靠前捏住尺片，其他三指自然收拢，小心地试着向里插。

图 1.16　厚度规

6.万用表

万用表(图 1.17)是一种多功能、多量程的测量仪表,可测量直流电流、直流电压、交流电流、交流电压、电阻等。

通常,万用表的选择开关是一个多挡位的旋转开关,用来选择测量项目和量程。

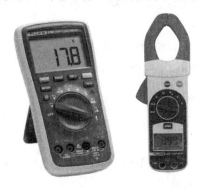

图 1.17　万用表

(1)电压的测量。

①直流电压的测量。

首先将黑表笔插进"COM"孔,红表笔插进"VΩ"孔,将旋钮旋到比估计值大的量程(注意:表盘上的数值均为最大量程,"V－"表示直流电压挡,"V～"表示交流电压挡,"A"表示电流挡),接着将表笔接电源或电池两端。保持接触稳定。可以直接从显示屏上读取数值,若显示为"1.",则表明量程太小,那么就要加大量程后再测量。如果在数值左边出现"－",则表明表笔极性与实际电源极性相反,此时红表笔接的是负极。

②交流电压的测量。

表笔插孔与直流电压的测量一样,不过应该将旋钮旋到交流挡"V～"处所需的量程。交流电压无正负之分,测量方法与前面相同。无论测交流电压还是直流电压,都要注意人身安全,不要随便用手触摸表笔的金属部分。

(2)电流的测量。

①直流电流的测量。

先将黑表笔插入"COM"孔。若测量大于 200 mA 的电流,则要将红表笔插入"10 A"

插孔并将旋钮旋到直流"10 A"挡;若测量小于 200 mA 的电流,则将红表笔插入 "200 mA"插孔,将旋钮旋到直流 200 mA 以内的合适量程。将万用表串进电路中,保持 稳定,即可读数。若显示为"1.",那么就要加大量程;如果在数值左边出现"一",则表明表 笔极性与实际电源极性相反,此时红表笔接的是负极。

②交流电流的测量。

交流电流的测量方法与直流电流的测量方法相同,不过挡位应该旋到交流挡位,电流 测量完毕后应将红表笔插回"VΩ"孔。

(3)电阻的测量。

将黑表笔和红表笔分别插进"COM"和"VΩ"孔中,把旋钮打到"Ω"中所需的量程,用 表笔接在电阻两端金属部位,测量中可以用手接触电阻,但不要用手同时接触电阻两端, 否则会影响测量精度。

读数时要保持表笔和电阻有良好的接触,注意单位:在"200"挡时单位是"Ω",在 "2 K"到"200 K"挡时单位为"KΩ","2 M"以上挡的单位是"MΩ"。

(4)短路测量。

首先先断电,手动将数字万用表功能开关调到蜂鸣器档,便于测试;然后把万用表两 表笔放在两个要测试的端子上,如果短路,会有蜂鸣声。

1.3.3 安装作业要求

1. 搬运要求

机器人本体与控制柜在安装过程中可以通过吊车或叉车搬运。

(1)使用吊车搬运机器人本体及控制柜。

使用吊车搬运机器人本体和控制柜时,起吊前应首先确认机器人本体及控制柜的质 量,使用承载量大于机器人本体和控制柜质量的吊装缆绳,并确保吊环螺栓连接可靠。

在起吊机器人本体前,应参考产品说明资料,将机器人各关节调整至搬运状态,并按 照说明书给出的吊装方式吊装,否则可能因重心不稳而倾倒。禁止吊装机器人关节。机 器人本体及控制柜吊装状态示意图如图 1.18 所示。

(2)使用叉车搬运机器人本体及控制柜。

对于安装有叉装组件的机器人本体和控制柜,可采用叉车搬运。搬运时应尽可能地 放低其高度,避免机器人本体或控制柜移位或倾倒,并对周边环境进行确认,保证机器人 本体或控制柜能被安全地搬运到安装场地。机器人本体和控制柜叉装示意图如图 1.19 所示。

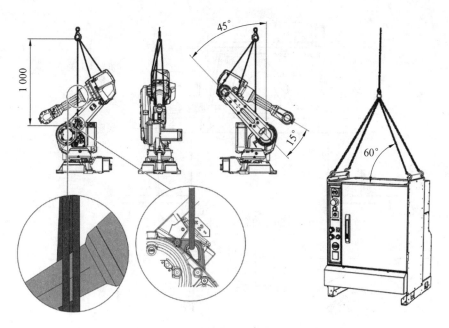

图 1.18　机器人本体和控制柜吊装状态示意图(单位:mm)

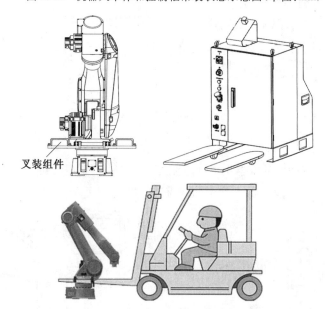

图 1.19　机器人本体和控制柜叉装示意图

2. 机器人本体、控制柜安装要求

安装机器人本体时应充分考虑地基安装面强度,安装面应满足工业机器人安装说明资料中的要求。机器人本体建议安装在固定底座上,如图 1.20 所示。安装螺栓、安装孔尺寸要求可参考产品说明资料。

控制柜应安装在机器人动作范围之外,控制柜安装范围示意图如图 1.21 所示,电控柜安装空间应能满足说明资料中的规定。

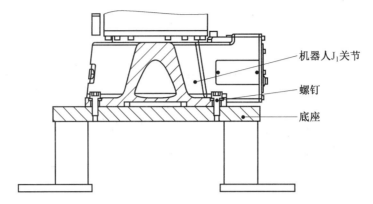

图 1.20　机器人安装底座示意图

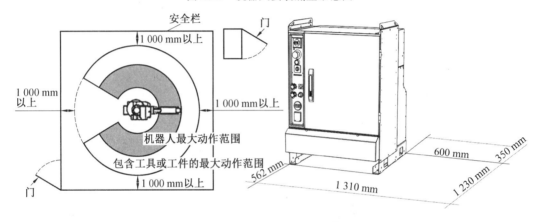

图 1.21　控制柜安装范围示意图

3. 电气连接

机器人本体与控制柜、示教器与控制柜之间通常通过专用线缆连接，电气连接如图 1.22 所示。通常，参考工业机器人产品说明资料，将线缆两端分别与机器人本体连接器

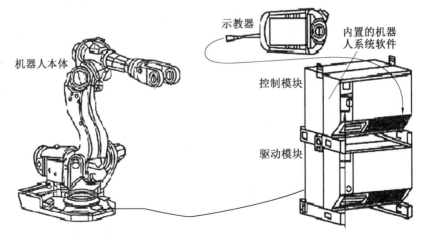

图 1.22　机器人的电气连接

和相应的控制柜连接器连接,并将示教器连接到控制柜上。接通控制柜主电源,检查主电源输入电压正常后,闭合控制柜的主电源开关,工业机器人应该能够正常启动。

4.负载的安装

通常,负载安装在机器人末端法兰盘上,机器人负载的质心应该在机器人负载曲线的范围内,切勿超过限定载荷。机器人末端负载图如图1.23所示。输出法兰盘安装尺寸与负载曲线详见机器人说明资料。

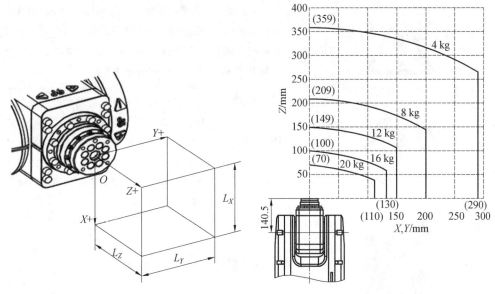

图1.23 机器人末端负载图

1.4 工业机器人基本操作

1.4.1 工业机器人常用安全警示标识

在进行工业机器人操作前,应明确机器人上各项安全警示标识的含义。工业机器人常用安全警示标识见表1.5。

表 1.5　工业机器人常用安全警示标识

安全标识	标识含义
	危险：如果不依照说明操作，就会发生事故，并导致严重或致命的人员伤害和/或严重的产品损坏。该标识适用于以下险情：碰触高压电气装置、爆炸或火灾、有毒气体、压轧、撞击和从高处跌落等
	警告：如果不依照说明操作，可能会发生事故，造成严重的人员伤害（可能致命）和/或重大的产品损坏。该标识适用于以下险情：触碰高压电气单元、爆炸、火灾、吸入有毒气体、挤压、撞击、高空坠落等
	小心：如果不依照说明操作，可能会发生造成人员伤害和/或产品损坏的事故。该标识适用于以下险情：灼伤、眼部伤害、皮肤伤害、听力损伤、挤压或滑倒、跌倒、撞击、高空坠落等。此外，它还适用于某些涉及功能要求的警告消息，即在装配和移除设备过程中出现有可能损坏产品或引起产品故障的情况时，就会采用这一标识
	注意：描述重要的事实和条件
	提示：描述从何处查找附加信息或如何以更简单的方式进行操作
	电击：针对可能会导致严重的人身伤害或死亡的电气危险的警告
	静电放电（ESD）：针对可能会导致严重产品损坏的电气危险的警告

续表 1.5

安全标识	标识含义
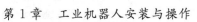	高温表面：在运行机器人时，可能达到可导致烫伤的表面温度。注意：戴防护手套
	机器人工作时，禁止进入机器人工作范围
	转动危险，可导致严重伤害，维护保养前必须断开电源并锁定
	叶轮危险，检修前必须断电
	螺旋危险，检修前必须断电
	旋转轴危险，保持远离，禁止触摸

续表 1.5

安全标识	标识含义
ENTANGLEMENT HAZARD 警告:卷入危险 保持双手远离	卷入危险,保持双手远离
PINCH POINT HAZARD 警告:夹点危险 移除护罩禁止操作	夹点危险,移除护罩,禁止操作
SHARP BLADE HAZARD 警告:当心伤手 保持双手远离	当心伤手,保持双手远离
MOVING PART HAZARD 警告:移动部件危险 保持双手远离	移动部件危险,保持双手远离
ROTATING PART HAZARD 警告:旋转装置危险 保持远离,禁止触摸	旋转装置危险,保持远离,禁止触摸
MUST BE LUBRICATED PERIODICALLY 注意:按要求定期加注机油	注意:按要求定期加注机油
MUST BE LUBRICATED PERIODICALLY 注意:按要求定期加注润滑油	注意:按要求定期加注润滑油
MUST BE LUBRICATED PERIODICALLY 注意:按要求定期加注润滑脂	注意:按要求定期加注润滑脂

续表 1.5

安全标识	标识含义
	挤压：挤压伤害风险
	储能警告：此部件储能，与不得拆卸标识一起使用
	不得拆卸：拆卸此部件可能会导致伤害
	压力：警告此部件承受了压力。通常另外印有文字，标明压力大小
	制动闸释放：按此按钮将会释放制动闸，意味着操纵臂可能会掉落
	禁止拆解的警告标记
	禁止踩踏的警告标识
	请参阅用户文档

1.4.2　手动与自动操作

1. 机器人手动操作

(1)通常,手动操纵机器人运动一共有 3 种模式。

①单轴运动:每次操纵一个关节轴的运动。

②线性运动:安装在机器人法兰盘上的工具中心点(TCP)在空间做线性运动。

③重定位运动:安装在机器人法兰盘上的工具中心点(TCP)在空间绕着坐标轴旋转的运动,也可以理解为机器人绕着工具中心点(TCP)做姿态调整的运动。

(2)通常,机器人手动操作步骤如下。

①打开机器人电源总开关。

②将机器人模式切换开关切换到手动操作模式。

③在机器人示教器状态栏中,确认机器人的状态已切换为"手动"。

④在机器人示教器中选择"手动操作"。

⑤单击"动作模式",根据操作要求选择单轴运动、线性运动或重定位运动,若选择线性运动或重定位运动需指定工具坐标系。

⑥按住使能按钮,确认机器人电动机上电,操作操纵杆或各轴运动按钮,可操作机器人完成相应动作。

⑦松开使能开关,机器人停止运动。

2. 机器人自动操作

(1)在机器人自动运行前,需先对程序在手动状态下确认运动是否正确。

①打开机器人电源总开关。

②将机器人模式切换开关切换到手动操作模式。

③在机器人示教器状态栏中,确认机器人的状态已切换为"手动"。

④在机器人示教器中选择"手动操作"。

⑤在机器人示教器中选择要运行的程序。

⑥将程序指针指向主程序的第一句指令。

⑦按住使能按钮,确认机器人电动机上电,按下"单步向前"或"程序启动"按钮,小心观察机器人的移动。

⑧程序运行结束,按下"程序停止"键、机器人运动停止后,才可以松开使能按键。

(2)在手动状态下,完成了确认运动后,就可以将机器人系统设置为自动运行状态。

①将机器人模式切换开关切换到自动操作模式。

②在示教器上单击"确定",确认状态的切换。

③将程序指针指向主程序的第一句指令。

④按下电动机上电按钮,电动机上电。

⑤按下"程序启动"按钮,这时观察到程序已在自动运行过程中。

⑥单击"速度"按钮可以设定程序中机器人运动的速度。

1.4.3　紧急停止

机器人控制器和示教器上都设置有紧急停止按钮,如图 1.24 所示。

图 1.24　紧急停止按钮

出现下列情况时应立即按下紧急停止按钮:

(1)工业机器人运行时,机器人工作器区域内有人员。

(2)工业机器人伤害了工作人员或损伤了机器设备。

如需关闭主电源开关,为确保控制器完全断电,所有模块上的电源开关都应关闭。

从紧急停止状态恢复至正常操作状态,需按照下列步骤操作:

(1)确保已经排除所有危险。

(2)定位并重置引起紧急停止状态的设备。

(3)将紧急停止按钮从紧急停止状态恢复至正常操作状态。紧急停止按钮解除如图1.25所示。

图 1.25　紧急停止按钮解除

第 2 章

工业机器人整机检测试验

2.1 工业机器人运动性能检测试验

2.1.1 概述

工业机器人的运动性能指标,主要包含以下几种:

(1)位姿准确度和位姿重复性。

(2)多方向位姿准确度变动。

(3)距离准确度和距离重复性。

(4)位置稳定时间。

(5)位置超调量。

(6)位姿特性漂移。

(7)互换性。

(8)轨迹准确度和轨迹重复性。

(9)重复定向轨迹准确度。

(10)拐角偏差。

(11)轨迹速度特性。

(12)最小定位时间。

(13)静态柔顺性。

(14)摆动偏差。

2.1.2 检测用仪器设备

1. 运动性能测量方案

工业机器人运动性能测量方法根据测量原理可分为试验探头法、轨迹比较法、三边测量法、极坐标测量法、三角测量法、惯性测量法、坐标测量法和轨迹描述法。根据实际测量方式的不同,目前现有常用的测量方案有如下几种。

(1)激光跟踪仪测量法。

激光跟踪仪作为一种高精度便携式的三坐标测量设备,以其快捷、简便、精确、可靠的特点而被广泛地应用到机械行业当中。利用激光跟踪仪作为测量工具,既能保证测量精度,又能简化测量过程。其测量原理(图 2.1)为:跟踪头发出的激光对目标反射器进行跟踪,通过仪器的双轴测角系统及激光干涉测距系统(或红外绝对测距)确定目标反射器在球坐标系中的空间坐标,并通过仪器自身的校准参数和气象传感器对系统内部的系统误差和大气环境误差进行补偿,从而得到更精确的空间坐标。

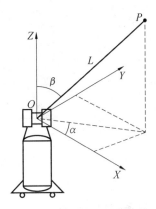

图 2.1 激光跟踪仪测量原理

激光跟踪仪能够对动态目标的三维位置参数(X、Y、Z)及 3 个空间方位角(仰俯、偏摆与滚动)参数共 6 个自由度参数进行连续不间断测量,实现对工业机器人静态和动态六维性能指标的测量。

(2)钢索式测量法。

钢索式测量法(图 2.2)是机器人末端连接 3 根从 3 个固定供索器拉出的钢索,使用电位计或编码器计算 3 根钢索的长度,从而达到计算机器人末端位置的作用。

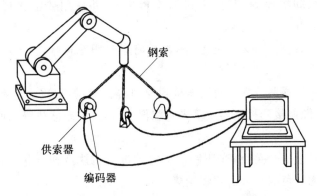

图 2.2 钢索式测量法

(3)结构光测量法。

结构光测量法(图 2.3)是利用合作靶标的十字图案定义靶标坐标系,相机坐标系作为视觉测量坐标系,两条线结构光照射合作靶标平面,基于三角测量原理,获得两条结构光的三维空间坐标,进一步拟合出合作靶标的空间平面。同时,在图像上提取十字图案作为靶标坐标系的空间特征。计算视觉测量坐标系与靶标坐标系之间的位置和姿态变换关系,获得两者之间的六维位姿。

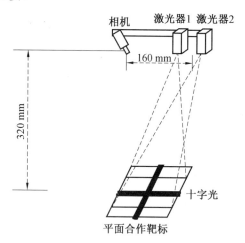

图 2.3　结构光测量法

2. 设备使用及维护

本小节以激光跟踪仪为例,介绍运动性能测试用检测试验设备的使用方法及维护方法。

（1）设备使用。

试验人员操作设备时应遵照激光跟踪仪的使用说明书和设备操作规程,非专业人员不可操作设备。因不同设备的操作不尽相同,此处仅对激光跟踪仪的操作进行简要介绍。

设备操作主要流程如下:

①运行前安装。

a.旋转扭动快卸机座,将其固定在加长套筒上,并使用铰链钩形扳手将快卸机座拧紧。

b.将锁定杆位置调整到未锁定状态,然后将激光跟踪仪放置于支架上,拉动锁定杆将激光跟踪仪锁定。

c.将外部温度传感器、LAN网线连接到控制器一端;将交流电源连接到控制器及接地插座上;将主电缆连接到控制器及激光跟踪仪上,再将控制器放置于加长套筒的通用支架夹具中。

d.开启控制器上的开关,激光跟踪仪会自动进行预热及初始化操作,其中激光跟踪仪所发出的激光为红色闪烁表示正在预热。

e.待红色激光常亮后为预热完成状态,即可开始进行试验测量操作。

②运行中采集数据。

a.选择测量模式及开始测量。

对工业机器人产品进行位姿准确度和位姿重复性测试时,测量靶标选择带有六维测量功能的靶标,激光跟踪仪的测量模式选择 6D 测量。当进行轨迹准确度和轨迹重复性测试时,激光跟踪仪的测量模式选择连续轨迹测量。选择完毕后点击测量即可。各检测项目的测量模式选择见表 2.1。

b. 测量数据的导出与处理。

将采集的数据以 txt 或 excel 等格式导出,按照各项目的计算公式进行分析处理。

表 2.1　各检测项目的测量模式选择

试验特性	测量模式
位姿准确度和位姿重复性	6D 独立测量
多方向位姿准确度变动	6D 独立测量
距离准确度和距离重复性	6D 独立测量
位置稳定时间	轨迹扫描测量
位置超调量	轨迹扫描测量
位姿特性漂移	6D 点位测量
互换性	6D 点位测量
轨迹准确度和轨迹重复性	轨迹扫描测量
重复定向轨迹准确度	轨迹扫描测量
拐角偏差	轨迹扫描测量
轨迹速度特性	轨迹扫描测量
最小定位时间	轨迹扫描测量
静态柔顺性	6D 点位测量
摆动偏差	轨迹扫描测量

在使用激光跟踪仪时,应注意以下几点:

①一般激光跟踪仪的激光等级为 2 级。从安全角度讲,2 级激光产品对眼睛是有危害的。因此,考虑到人眼的安全,不要长时间注视激光。

②在开启状态下需移除防护罩,否则产品可能因过热而受损。在盖上防护罩前,应确保产品已关闭。

③在操作本产品过程中,需要与运动部件保持安全距离,否则有可能发生挤压肢体/头发或衣服被运动部件缠住的危险。

④禁止使用起重设备提升本产品。

(2)设备维护。

激光跟踪仪应按生产厂家使用说明或设备维护保养规程进行维护。该设备的维护保养主要包括:

①清洁仪器时需使用干净柔软的布(软麻布除外)。如需要,可用水或纯酒精蘸湿后

使用,不要用其他液体。

②不要把激光跟踪仪暴露在潮湿的环境中。

③不要将激光跟踪仪暴露在严重粉尘污染的环境中,避免粉尘对仪器元件造成严重伤害。

2.1.3 性能试验条件总则

1.测试前提条件

测试开始前应对工业机器人进行必要的校准、调整及功能试验,以保证能够进行全面的操作。试验前应对工业机器人进行适当的预热操作,位姿特性漂移试验除外。

2.试验环境条件

试验环境的气候条件要求见表 2.2。如采用其他的环境温度,应在试验报告中指明并加以解释。为了保证机器人与测量仪器的稳定,建议将其置于试验环境中 24 h 以上,同时防止通风和阳光、加热器等外部热辐射。

表 2.2　试验环境的气候条件要求

环境参数	要求
气候条件	测试环境温度:(20 ± 2) ℃ 测试环境湿度:45%～75%

3.试验负载要求

试验中所采用的负载条件应在试验报告中说明,其中 100%额定负载(制造商规定的质量、重心位置和惯性力矩)为必须采用的负载条件。除此之外,为测试机器人与负载相关的性能参数,可选用表 2.3 所示的 10%额定负载或由制造商指定的其他负载条件进行附加试验。

表 2.3　试验负载

试验特性	使用负载	
	100%额定负载 (√表示必须采用;—表示不适用)	10%额定负载 (○表示选用;—表示不适用)
位姿准确度和位姿重复性	√	○
多方向位姿准确度变动	√	○
距离准确度和距离重复性	√	—
位置稳定时间	√	○
位置超调量	√	○
位姿特性漂移	√	—
互换性	√	○

续表 2.3

试验特性	使用负载	
	100%额定负载 (√表示必须采用;—表示不适用)	10%额定负载 (○表示选用;—表示不适用)
轨迹准确度和轨迹重复性	√	○
重复定向轨迹准确度	√	○
拐角偏差	√	○
轨迹速度特性	√	○
最小定位时间	√	○
静态柔顺性	—	○
摆动偏差	√	○

如果机器人末端装有测量仪器,则应将测量仪器的质量和位置当作试验负载的一部分。图 2.4 为试验用末端执行器实例,其重心(Centre of Gravity,CG)和工具中心点(Tool Centre Point,TCP)有偏移。试验时,TCP 是测量点。测量点的位置应在试验报告中说明。

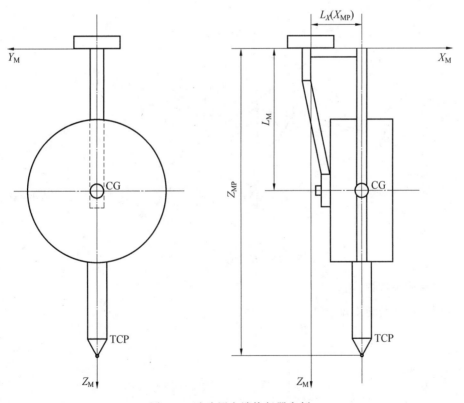

图 2.4　试验用末端执行器实例

4.试验速度要求

所有位姿特性试验都应在指定位姿可达到的最大速度下进行，即在每种情况下，速度补偿均置于100%，并在此速度的50%和(或)10%下进行附加试验。

对于轨迹特性试验，应在额定轨迹速度的100%、50%和10%下进行，机器人应能在试验轨迹的50%长度内达到试验速度。试验报告中应说明额定轨迹速度及试验轨迹的形状和尺寸。

5.试验位姿与轨迹要求

图2.5所示为试验位姿与轨迹要求，共包括一条直线轨迹、一条矩形轨迹、一条大圆形轨迹和一条小圆形轨迹。其中：

P_2-P_4是立方体对角线上的直线轨迹，轨迹长度应是所选平面相对顶点间距离的80%。另一直线轨迹为P_6-P_9，可用于重复定向试验。

对于圆形轨迹试验，大圆的直径D_{max}应为立方体边长的80%，小圆的直径D_{min}应为同一平面中大圆直径的10%，圆心均为P_1。

对于矩形轨迹，拐角记为E_1、E_2、E_3和E_4，每个拐角离平面各顶点的距离为该平面对角线长度的$(10\pm2)\%$。

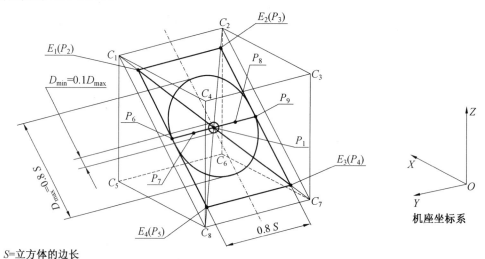

图2.5 试验位姿与轨迹要求

6.试验循环次数

试验循环次数要求见表2.4。

表 2.4　试验循环次数

试验特性	循环次数/循环时间
位姿准确度和位姿重复性	30 次
多方向位姿准确度变动	30 次
距离准确度和距离重复性	30 次
位置稳定时间	3 次
位置超调量	3 次
位姿特性漂移	连续循环 8 h
互换性	30 次
轨迹准确度和轨迹重复性	10 次
重复定向轨迹准确度	10 次
拐角偏差	3 次
轨迹速度特性	10 次
最小定位时间	3 次
静态柔顺性	每个方向重复 3 次
摆动偏差	3 次

2.1.4　位姿准确度和位姿重复性测试

1. 基本概念

位置准确度:指令位姿的位置与实到位置集群重心之差。通常也称作位置绝对定位精度。

位置重复性:对同一指令位姿从同一方向重复响应 n 次后实到位置的一致程度,以位置集群重心为球心的球半径之值表示。通常也称作位置重复定位精度,是工业机器人产品最常用的参数之一。

姿态准确度:指令位姿的姿态与实到姿态平均值之差。通常也称作姿态绝对定位精度。

姿态重复性:对同一指令位姿从同一方向重复响应 n 次后实到姿态的一致程度,以围绕平均值的角度散布表示。通常也称作姿态重复定位精度。

2. 试验程序

(1)试验条件。

①在机器人末端执行器安装 100% 或 10%(选测)的额定负载。

②机器人的试验速度设为 100% 额定速度,50% 或 10% 额定速度(选测)。

③机器人的试验位姿点设为 P_1、P_2、P_3、P_4、P_5,如图 2.5 所示。其中,P_1 是对角线的交点,也是立方体的中心。$P_2 \sim P_5$ 4 点离各对角线端点的距离等于该对角线长度的

10%±2%,若不可能,则在报告中说明在对角线上所选择的点。

（2）试验实施。

①机器人的工具中心点（TCP）以选定的试验速度和负载,从位姿点 P_1 开始,依次移至 P_5、P_4、P_3、P_2、P_1。$P_1 \rightarrow P_5 \rightarrow P_4 \rightarrow P_3 \rightarrow P_2 \rightarrow P_1$ 为一个运动循环,如图2.6所示。

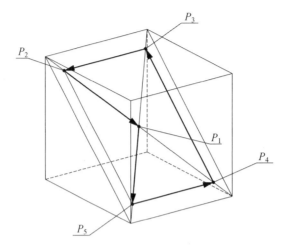

图 2.6　试验位姿

②机器人运动采用点到点控制或连续轨迹控制均可。

③在每一位姿点停顿时间应大于测出的位姿稳定时间,循环次数为30次。

④使用检测试验设备测量每个位姿点的坐标并记录。

2.1.5　多方向位姿准确度变动试验测试

1.基本概念

从3个相互垂直方向分别对相同指令位姿响应 n 次,对各方向 n 次的实到位姿进行平均值计算,这3个方向上实到位姿平均值间的偏差即为多方向位姿准确度变动。该指标可用于分析工业机器人的关节运动回差。

2.试验程序

（1）试验条件。

①在机器人末端执行器安装100%额定负载。

②机器人的试验速度设为100%额定速度,50%或10%额定速度（选测）。

③机器人的试验位姿点设为 P_1、P_2、P_4,如图2.5所示。

（2）试验实施。

①在机座坐标$-X$、$-Y$、$-Z$方向上分别选定与 P_1 点距离不小于 200 mm 的 3 个点 a、b、c,如图2.7所示。

②机器人的工具中心点（TCP）以选定的试验速度和负载运动。$a \rightarrow P_1 \rightarrow b \rightarrow P_1 \rightarrow c \rightarrow P_1 \rightarrow a$ 为一个运动循环,如图2.7所示。

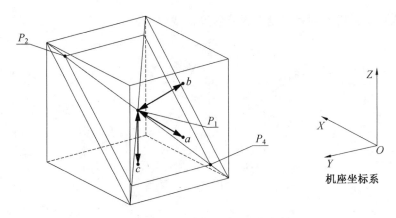

机座坐标系

图 2.7　试验位姿(以 P_1 点为例)

③到达 P_1 的停顿时间应大于测出的位姿稳定时间,循环次数为 30 次。

④使用检测试验设备测量每个位姿点的坐标并记录。

⑤位姿点 P_2 的试验程序与位姿点 P_1 相同,按上述的①~④程序进行测试并记录。对应选定的 a、b、c 点应分别在 $-X$、$-Y$、$-Z$ 方向上。

⑥位姿点 P_4 的试验程序与位姿点 P_1 相同,按上述的①~④程序进行测试并记录。对应选定的 a、b、c 点应分别在 X、Y、Z 方向上。

2.1.6　距离准确度和距离重复性测试

1. 基本概念

由两个指令位姿与两组实到位姿均值之间的距离偏差和在这两个位姿间一系列重复移动的距离波动来确定距离准确度和重复性。本特性仅用于离线编程或人工数据输入的机器人。距离准确度和距离重复性可用于评价工业机器人运动指定距离的能力。

距离准确度:在指令距离和实到距离平均值之间位置和姿态的偏差,分为位置距离准确度(AD_p)和姿态距离准确度(AD_a、AD_b、AD_c)。

距离重复性:在同一方向对相同指令距离重复运动 n 次后实到距离的一致程度,以围绕实到距离平均值的最大散布表示,分为位置距离重复性(RD)和姿态距离重复性(RD_a、RD_b、RD_c)。

2. 试验程序

(1)试验条件。

①在机器人末端执行器安装 100% 额定负载。

②机器人的试验速度设为 100% 额定速度,50% 或 10% 额定速度(选测)。

③机器人的试验位姿点设为 P_2、P_4,如图 2.5 所示。

(2)试验实施。

①机器人的工具中心点(TCP)以选定的试验速度和负载,从位姿点 P_4 开始,移至 P_2,再回到 P_4,$P_4 \rightarrow P_2 \rightarrow P_4$ 为一个运动循环,如图 2.8 所示。

②机器人运动采用点到点控制或连续轨迹控制均可。

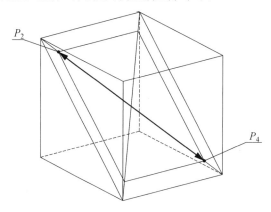

图 2.8　试验位姿

③到达 P_2 和 P_4 时,停顿时间应大于测出的位姿稳定时间,循环次数为 30 次。

④使用检测试验设备测量每个位姿点的坐标并记录。

2.1.7　位置稳定时间和位置超调量测试

1. 基本概念

位置稳定时间是从机器人第一次进入门限带的瞬间到不再超出门限带的瞬间所经历的时间。门限带可定义为"位姿重复性"中的重复性或由制造商确定。

位置超调量(OV)是机器人第一次进入门限带后,再次超出门限带后的瞬时位置与实到稳定位置的最大距离。

位置稳定时间用于衡量机器人稳定到达位姿点的速度,而位置超调量用于衡量机器人到达位姿点的平稳、准确的能力。

2. 试验程序

位置稳定时间与位置超调量的试验程序基本相同。二者都是以"位姿准确度"中的循环方式使机器人在试验负载和试验速度下运行。当机器人达到指令位姿 P_n 后,连续测量位姿点的位置坐标,直到稳定。

(1)试验条件。

①在机器人末端安装 100% 额定负载、10% 额定负载(选测)。

②机器人程序的试验速度设为 100% 额定速度、50% 或 10% 额定速度(选测)。

③机器人程序的试验位姿点设为 P_1、P_2,如图 2.5 所示。

(2)试验实施。

①机器人的工具中心点(TCP)以选定的试验速度和负载,从位姿点 P_2 移至 P_1,超过预先估计的位置稳定时间后,再返回 P_2,$P_2 \rightarrow P_1 \rightarrow P_2$ 为一个运动循环,如图 2.9 所示。

②机器人运动采用点到点控制或连续轨迹控制均可。

③根据预估位置稳定时间,设置测试时间。测试中,如果预设的测试时间不能覆盖完

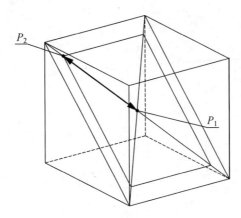

图 2.9　试验位姿

整的运动稳定过程,应适当延长测试时间并重新进行试验,直至测试时间可以覆盖完整的运动稳定过程。

④循环次数为 3 次。

⑤使用检测试验设备测量整条轨迹的坐标并记录。

2.1.8　位姿特性漂移测试

1. 基本概念

位姿特性漂移表示在指定的时间(T)内位姿准确度和位姿重复性的变化,分为位姿准确度漂移(dAP)和位姿重复性漂移(dRP)。该指标可用于确定工业机器人从开始运行达到性能稳定的时间,或测量指定时间内机器人位姿特性的变化程度。

2. 试验程序

(1)试验条件。

①在机器人末端执行器安装 100% 额定负载。

②机器人的试验速度设为 100% 额定速度,50% 或 10% 额定速度(选测)。

③机器人的试验位姿点设为 P_1、P_2,如图 2.5 所示。

(2)试验实施。

①机器人的工具中心点(TCP)以选定的试验速度和负载,从位姿点 P_2 移至 P_1,在 P_1 点停顿时间大于测出的位姿稳定时间,再经由位姿点 d 返回到 P_2。$P_2 \rightarrow P_1 \rightarrow d \rightarrow P_2$ 为一个运动循环,如图 2.10 所示。

②位姿点 d 的设定应使工业机器人的姿态有较大变化,以实现返回时所有关节均运动。

③每组测试中,运动循环次数为 10 次。

④使用检测用仪器设备测量位姿点 P_1 的坐标并记录。

⑤测试组的间隔时间为 10 min。

⑥连续进行 8 h 测试,按上述的①~⑤程序进行测试并记录。

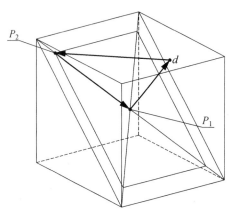
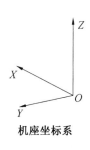

图 2.10　试验位姿(示例)

2.1.9　互换性测试

1.基本概念

互换性表示在相同环境条件、机械安装和作业程序的情况下,更换同一型号的机器人,测得的位姿点集群的中心偏差。互换性考量的是机械公差、轴校准误差和机器人安装误差。该指标可用于确定在生产线或其他作业场合中,同一型号的工业机器人是否可以相互替换。

2.试验程序

(1)试验条件。

①在机器人末端执行器安装 100% 额定负载。

②机器人的试验速度设为 100% 额定速度。

③机器人的试验位姿点设为 P_1、P_2、P_3、P_4、P_5,如图 2.5 所示。

(2)试验实施。

①第一台机器人应安装在制造商指定的场所,机器人的工具中心点(TCP)以选定的试验速度和负载,从位姿点 P_1 开始,依次移至 P_5、P_4、P_3、P_2、P_1。$P_1 \rightarrow P_5 \rightarrow P_4 \rightarrow P_3 \rightarrow P_2 \rightarrow P_1$ 为一个运动循环,如图 2.11 所示。

②机器人运动采用点到点控制或连续轨迹控制均可。

③循环次数均为 30 次。

④使用检测试验设备测量每个位姿点的坐标并记录。

⑤对其余的机器人采用相同的机械安装基础,使用相同的作业程序,保持测量系统固定不变,在相同的试验条件按上述的①～④程序进行测试并记录。

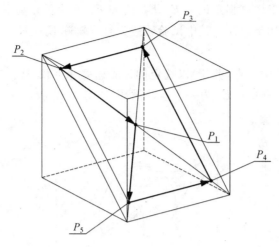

图 2.11　试验位姿

2.1.10　轨迹准确度、轨迹重复性和轨迹速度特性测试

1.基本概念

轨迹准确度表征的是机器人在同一方向上沿指令轨迹准确移动的能力。轨迹准确度由下述两个因素决定:指令轨迹的位置与各实到轨迹位置集群的中心线之间的偏差(即位置轨迹准确度),指令姿态与实到姿态平均值之间的偏差(即姿态轨迹准确度)。轨迹准确度是在位置和姿态上沿所得轨迹的最大轨迹偏差。

轨迹重复性表示机器人在同一指令轨迹重复 n 次时,实到轨迹的一致程度。

轨迹准确度和轨迹重复性两项指标可用于测量工业机器人采用轨迹方式进行运动时的精度。

机器人轨迹速度特性分为轨迹速度准确度(AV)、轨迹速度重复性(RV)、轨迹速度波动(FV)3 项特性指标,用于表征轨迹运动时工业机器人的速度波动情况。

轨迹速度准确度(AV):指令速度与沿轨迹进行 n 次重复测量所获得的实到速度平均值之差,可用指令速度的百分比表示。

轨迹速度重复性(RV):对同一指令速度测量所得实到速度的一致程度,应以指令速度的百分比来表示。

轨迹速度波动(FV):再现指令速度过程中速度波动的最大值。

2.试验程序

(1)试验条件。

①在机器人末端执行器安装 100% 额定负载,10% 额定负载(选测)。

②机器人的试验速度设为 100% 额定速度,50% 或 10% 额定速度(选测)。

③机器人的试验位姿分为两种,如图 2.5 所示,分别是圆形轨迹和直线轨迹。

a.圆形轨迹:大圆的直径应为立方体边长的 80%,圆心为 P_1。小圆的直径应是同一平面中大圆直径的 10%,圆心为 P_1。

b.直线轨迹：矩形轨迹拐角记为 E_1、E_2、E_3 和 E_4，每个拐角离平面各顶点的距离为该平面对角线长度的 $(10\pm2)\%$。其中试验轨迹为直线轨迹 $E_1\rightarrow E_3$。

（2）试验实施。

①机器人的工具中心点（TCP）以选定的试验速度和负载，从位姿点 E_1 移至 E_3，停顿数秒，再返回 E_1。$E_1\rightarrow E_3\rightarrow E_1$ 为一个运动循环，如图 2.12 所示。

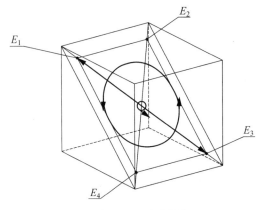

图 2.12　试验位姿

②循环次数为 10 次。

③使用检测用仪器设备测量整条轨迹的坐标并记录。

④机器人的工具中心点（TCP）以选定的试验速度和负载，沿大圆轨迹运动一周，按上述的②～③程序进行测试并记录。

⑤机器人的工具中心点（TCP）以选定的试验速度和负载，沿小圆轨迹运动一周，按上述的②～③程序进行测试并记录。

2.1.11　重复定向轨迹准确度测试

1.基本概念

重复定向轨迹准确度表示机器人在直线轨迹上以恒定速度运行的同时，其姿态沿 3 个方向连续变化时的轨迹准确度。重复定向轨迹准确度可用于测试工业机器人在指定轨迹上沿 3 个方向交替变换姿态时对轨迹准确度指标的影响。

2.试验程序

（1）试验条件。

①在机器人末端执行器安装 100% 额定负载，10% 额定负载（选测）。

②机器人的试验速度设为 100% 额定速度，50% 或 10% 额定速度（选测）。

③机器人的试验位姿要求为直线轨迹 $P_6\rightarrow P_9$，如图 2.5 所示。

（2）试验实施。

①机器人的工具中心点（TCP）以选定的试验速度和负载，从位姿点 P_6 开始，变姿态地经 P_7、P_1、P_8 到达 P_9，再回到起点，停顿数秒。$P_6\rightarrow P_7\rightarrow P_1\rightarrow P_8\rightarrow P_9\rightarrow P_6$ 为一个运动循环，如图 2.13 所示。

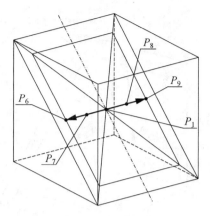

图 2.13　试验位姿

②机器人运动采用连续轨迹控制。

③循环次数为 10 次。

④使用检测用仪器设备测量整条轨迹的坐标并记录。

2.1.12　拐角偏差测试

1. 基本概念

拐角偏差表示机器人从 1 条轨迹转到与之垂直的第 2 条轨迹时出现的偏差,其中:

①圆角误差(CR):指拐角点与实到轨迹间的最小距离。

②拐角超调(CO):指机器人不减速地以设定的恒定轨迹速度进入第 2 条轨迹后偏离指令轨迹的最大值。

2. 试验程序

(1)试验条件。

①在机器人末端执行器安装 100% 额定负载。

②机器人的试验速度设为 100% 额定速度,50% 或 10% 额定速度(选测)。

③机器人的试验位姿要求为:矩形轨迹拐角记为 E_1、E_2、E_3 和 E_4,每个拐角与所在平面各顶点的距离 D 为该平面对角线长度的 (10 ± 2)%,如图 2.5 所示。

(2)试验实施。

①机器人的工具中心点(TCP)以选定的试验速度和负载,以 E_4 和 E_1 的中点作为起点,直线移向 E_1,再移至 E_1 和 E_2 的中点,然后回到 E_4 和 E_1 的中点,完成一个运动循环,如图 2.14 所示。此外也可选择 E_4、E_2 作为起点和终点。

②拐角点是两段直线轨迹的交点。在该点机器人继续运动,不停顿,但可按制造商规定的方式完成两条轨迹的平滑过渡。

③循环次数为 3 次。

④使用检测用仪器设备测量运动轨迹的坐标并记录。

⑤对于拐角点 E_2、E_3、E_4 的特性试验与拐角 E_1 程序类似,按上述的①~④程序进行测试并记录。

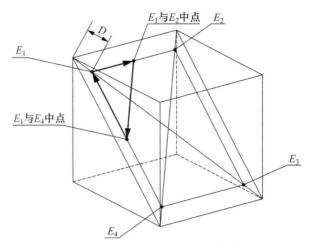

图 2.14　试验位姿（示例）

2.1.13　最小定位时间测试

1. 基本概念

定位时间是指机器人在点位控制方式下从静态开始移动一定距离和（或）摆动一定角度到达稳定状态所经历的时间。机器人稳定于实到位姿所用的时间包含于总的定位时间内。该指标可用于确定工业机器人的工作节拍。

2. 试验程序

（1）试验条件。

①在机器人末端执行器安装100％额定负载，10％额定负载（选测）。

②机器人的试验速度设为100％额定速度。

③机器人的试验位姿为 $P_1 \rightarrow P_{1+1} \rightarrow P_{1+2} \rightarrow P_{1+3} \rightarrow P_{1+4} \rightarrow P_{1+5} \rightarrow P_{1+6} \rightarrow P_{1+7}$，如图2.15所示，其中测试点与前一位姿的距离见表2.5。

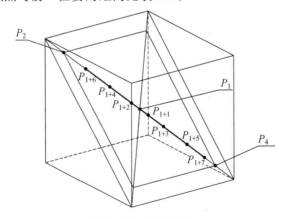

图 2.15　试验位姿

表 2.5　最小定位时间测试中测试点与前一位姿的距离

位姿	P_1	P_{1+1}	P_{1+2}	P_{1+3}	P_{1+4}	P_{1+5}	P_{1+6}	P_{1+7}
与前一位姿的距离 $(D_x = D_y = D_z)$ /mm	0	-10	$+20$	-50	$+100$	-200	$+500$	$-1\,000$

（2）试验实施。

①机器人的工具中心点（TCP）以选定的试验速度和负载，以 $P_1 \rightarrow P_{1+1} \rightarrow P_{1+2} \rightarrow P_{1+3} \rightarrow P_{1+4} \rightarrow P_{1+5} \rightarrow P_{1+6} \rightarrow P_{1+7} \rightarrow P_1$ 为一个运动循环。

②位姿点 P_{1+n} 的总数 n 取决于 P_2 和 P_4 之间的距离，位姿点 P_{1+n} 的选取应在 P_2 和 P_4 之间。

③循环次数为 3 次。

④使用检测用仪器设备测量整条轨迹的坐标并记录。

2.1.14　静态柔顺性测试

1. 基本概念

静态柔顺性表示机器人在单位负载作用下最大的位移，应在机器人末端执行器处加载并测量位移。该指标可用于表示工业机器人的刚度特性。

2. 试验程序

（1）试验条件。

①在平行于机座坐标轴的 $+X$、$+Y$、$+Z$、$-X$、$-Y$、$-Z$ 6 个方向上，以 10% 额定负载施加在机器人工具中心点（TCP）。

②机器人的试验位姿为 P_1，如图 2.5 所示。

（2）试验实施。

①利用测量仪器测量空载时机器人工具中心点（TCP）的空间坐标值。

②在工具中心点（TCP）处，平行 Z 轴正方向，以 10% 额定负载为增量，逐步增加到额定负载。

③负载变化后，使用检测用仪器设备测量工具中心点处的空间坐标并记录。

④在 Z 轴负方向，X 轴正方向，X 轴负方向，Y 轴正方向和 Y 轴负方向，按上述的 ①～③程序进行测试并记录。

2.1.15　摆动偏差测试

1. 基本概念

摆动偏差分为摆幅误差（WS）和摆频误差（WF）两个特性指标，主要用于评价机器人用于弧焊操作的性能。

①摆幅误差（WS）：实际摆幅平均值 S_a 与指令摆幅 S_c 之间的偏差，以百分比表示。

②摆频误差（WF）：实际摆频 F_a 与指令摆频 F_c 之间的偏差，以百分比表示。

2.试验程序

（1）试验条件。

①在机器人末端执行器安装 100％额定负载,10％额定负载（选测）。

②机器人的试验速度设为 100％额定速度,50％或 10％额定速度（选测）。

③机器人的试验轨迹为：设定工业机器人的摆幅（S_c）和摆动距离（WD_c），使机器人由 P_6 摆动至 P_9，轨迹是锯齿状摆动轨迹。

（2）试验实施。

①机器人的工具中心点（TCP）以选定的试验速度和负载,从试验摆动轨迹起始点 P_6 开始,摆动至轨迹终点 P_9。$P_6 \rightarrow P_9$ 为一个运动循环,如图 2.16 所示。

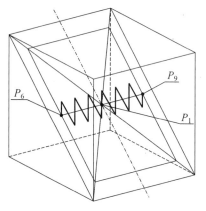
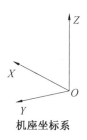

机座坐标系

图 2.16　试验位姿

②循环次数为 10 次。

③使用检测用仪器设备测量整条轨迹的坐标并记录。

2.2　工业机器人环境适应性检测试验

2.2.1　概述

工业机器人产品的环境适应性是指工业机器人产品在寿命周期中的综合环境因素作用下,能实现所有预定的性能和功能且不被破坏的能力,是产品对环境适应能力的具体体现,是一种重要的质量特性。

环境适应性主要考核气候环境适应性和机械环境适应性两方面的内容。

（1）气候环境适应性。

工业机器人在运输、贮存、使用等寿命周期中一般会承受不同的气候环境应力（如高温、低温、湿热等),在预计可能的气候环境应力的作用下应能实现其预定功能和性能。

(2)机械环境适应性。

工业机器人在运输、贮存和使用过程中会承受不同的机械环境应力,包括振动、冲击等,在预计可能的机械环境应力的作用下应能实现其预定功能和性能。

本节对工业机器人通常涉及的环境适应性项目进行重点介绍,其中涉及 6 项环境适应性试验和测试技术:

①低温试验。

②高温试验。

③恒定湿热试验。

④振动试验。

⑤冲击试验。

⑥运输试验。

2.2.2　气候环境试验

1.试验设备

气候环境试验设备模拟的环境因素主要是大自然固有的环境因素,如温度、湿度、风、雨、雷、电等,还有部分环境因素,如砂尘、火烧等,既在自然界客观存在,也可人为诱发产生。对工业机器人产品进行气候环境试验使用的主要设备类型见表 2.6。

表 2.6　气候环境试验设备类型

序号	试验类型	试验箱类型
1	温度试验	高温试验箱
		低温试验箱
		高低温试验箱
		温度冲击试验箱
2	湿热试验	恒定湿热试验箱
		交变湿热试验箱

(1)设备使用。

试验人员应按设备使用说明书和设备操作规程操作,非专业人员不可操作设备。因不同厂家、不同型号的设备操作不尽相同,此处仅对通用的操作流程和注意事项进行简要介绍。

设备操作流程主要如下:

① 运行前检查。

a.检查压缩机进、排气口压力值是否正常。开机前压力传感器显示压力值为静态平衡压力,将该值与厂家标定压力值进行比对,若变化不大(压力值会受环境温度影响稍有变化)即可视为正常,观察开机前压缩机进、排气口压力值是判断制冷剂是否存在泄漏的重要依据。

b.检查压缩空气压力、冷却水压力是否正常。

c.检查动力供电、加湿用水液位是否正常。

d.打开控制器,检查控制器显示的温度、湿度示值是否接近大气环境的温湿度值。

运行前检查全部正常,才可以按设备操作规程启动设备开始试验。

② 运行中监视。

环境试验箱通常按照设定的试验程序自动运转,但为了防止试验箱在运行过程中出现非预期的故障,试验人员应监视试验箱的工作状态。

a.透过观察窗观察被试工业机器人产品的状态。

b.通过控制系统的显示屏,查看试验箱的运行状态,确认试验箱的运行参数是否满足试验标准要求;查看试验箱历史运行记录,检查试验过程的运行状态。

c.通过压缩机组的运转噪声、运行异响,判断机组的运转是否正常。

d.观察压缩机进、排气口压力值是否正常。

e.观察加湿用水的液位,确认加湿用水是否需要补充。

除上述所列的各种观察手段,环境试验箱都会配置一些观察手段,试验人员应该按照生产厂商给出的设备操作说明书的介绍,充分利用各种观察方法,保证试验箱运转正常,顺利完成试验。

在使用过程中若试验箱突发故障,操作者对待突发故障的正确做法是先停机,再分析和寻找故障的原因,维修并清除故障之后才能再次投入使用。

③ 设备关机。

试验运行程序完成后,应增加一步后置程序,让试验箱缓慢恢复到大气环境温湿度,而不要在高温或低温状态下突然停机。恢复到室温后,试验人员按照操作规程要求的步骤关机,先停机、再关水、最后切断试验箱供电。

(2)设备维护。

环境试验箱通常都附有详细的维护保养手册,试验人员应按照相关要求进行设备维护,以保障试验箱能长期稳定地运行。除此之外,试验人员还应注意以下事项:

①定期更换过滤器和干燥器。

a.过滤器用于加湿用水的去离子化,过滤器在长期使用后其表面附着的钙、镁等离子会随着蒸汽喷入试验箱,污染被试验件的表面,因此应定期更换过滤器。

b.干燥器通过化学反应对空气反复进行吸湿还原,以获得干燥空气,干燥器长期使用后将失去吸湿的作用,因此应定期更换干燥器。

c.制冷管路系统中的干燥过滤器,用于吸收混入制冷剂中的水汽和过滤固体微粒。在制冷系统中若存在水分会锈蚀制冷部件及管路,使润滑油乳化变质,严重时会造成制冷系统的"冰塞"现象,固体微粒会加剧制冷系统运动部件(如压缩机、电磁阀)的磨损,或阻塞节流通道,对设备造成损害。此外干燥过滤器在吸水饱和或阻塞严重时,会节流流通的制冷剂,导致少量的制冷剂在干燥过滤器内蒸发制冷,此时干燥过滤器的外壳手感冰冷,甚至凝露、结霜,日常使用中若察觉此情况应及时更换干燥器。

②定期补充及更换润滑油。

在制冷系统长期稳定运行中,部分管道及元部件中会沉积冷冻润滑油,因此应注意观察压缩机曲轴箱的油面指示镜,当油液位过低时应及时补充润滑油。压缩机的长期运转会引起轴承轴套的磨损,这些磨损的微粒大部分会随着润滑油回到油箱。如果从油面指示镜中发现油液的颜色变化,可以从油箱底部的放油孔中放出少量油液进行检查,发现油液呈黑褐色且磨屑杂质较多时,应及时更换润滑油。

2. 试验程序

(1)试验条件要求。

工业机器人产品进行温湿度试验时,具体试验环境参数要求见表 2.7。

表 2.7　试验环境参数要求

环境参数	要求
气候条件	(1)工业机器人进行预处理,即试验前工业机器人需在下列标准条件下贮存至少 24 h。 (2)预处理环境条件满足: 　　环境温度:15~35 ℃; 　　相对湿度:20%~80%; 　　大气压力:试验场所气压

在标准条件下对工业机器人进行试验前和试验后的检查试验,检查主要包括外观检查和功能检查。通常,功能检查项目包括:按钮功能和显示装置检查、联锁功能检查、各轴动作检查、指令动作检查。

通电后,工业机器人以设定程序执行预期运动,视为工作状态。

(2)试验严酷等级。

通常,温湿度试验环境依据样品在该环境下是否通电运行分为工作环境和贮存环境,工业机器人贮存环境的一般要求条件为低温-40 ℃和高温 55 ℃。工业机器人的工作环境依据使用情况分为以下几类:

① 类别Ⅰ:室内公共区域。

② 类别Ⅱ:有淋浴防护和日晒防护的室外,或者环境条件恶劣的室内。

③ 类别Ⅲ:一般意义上的室外。

工业机器人在低温、高温和恒定湿热工作环境下的试验参数见表 2.8。

表2.8　工业机器人工作环境试验参数

试验项目	试验参数	工作环境		
		类别Ⅰ	类别Ⅱ	类别Ⅲ
低温试验（工作状态）	$T_{min}/℃$	0	−10	−40
高温试验（工作状态）	$T_{max}/℃$	45	45	55
恒定湿热试验（工作状态）	温度40 ℃,相对湿度85%±3%			

注：T_{min}——标称最低温度（℃）；T_{max}——标称最高温度（℃）。

（3）试验布置要求。

工业机器人本体及其电气控制装置作为被试产品应放置在环境试验箱中部,样品总体积不得超过试验箱内部容积的20%～35%,推荐选用20%。被试产品外轮廓面距试验箱内壁的距离应大于该方向上对应的两个内壁间直线距离的（1/10～1/8）,推荐选用1/8。如果工业机器人样品需进行工作状态试验,则机器人本体应牢固固定在试验箱底面,避免机器人通电运动后出现倾覆等安全问题,且电气控制装置应布置在机械臂作业空间之外。图2.17所示为工业机器人在试验箱内贮存状态的试验布置。图2.18所示为工业机器人在试验箱内工作状态的试验布置。

图2.17　工业机器人在试验箱内贮存状态的试验布置

（4）试验实施程序。

①低温贮存试验操作。

将工业机器人放入试验箱中,然后将试验箱设置到−40 ℃后启动试验箱。为防止低温时样品表面结霜,试验过程中当试验温度低于30 ℃时,应控制相对湿度不应超过50%。

当试验箱内温度达到−40 ℃后开始计时,工业机器人在此条件下连续暴露24 h,试验结束后增加一段后置程序,试验箱升温至大气环境温度,稳定一段时间后取出工业机器人,试验全程升降温速率为1 ℃/min。整个试验过程中,工业机器人处于不带电贮存

图 2.18　工业机器人在试验箱内工作状态的试验布置

状态。

试验结束后,工业机器人恢复到标准条件后进行验证试验。

为防止试验中工业机器人出现结冰和凝露,允许将工业机器人用塑料膜密封后进行试验,必要时还可以在塑料膜内装入吸潮剂。

②低温运行试验操作。

将工业机器人放入试验箱中,然后将试验箱设置到 T_{min} 启动试验箱。同样,试验过程中当试验温度低于 30 ℃时,相对湿度不应超过 50%。

当箱内温度达到 T_{min} 后,待温度稳定后工业机器人通电运行,并在此条件下连续暴露4 h,整个试验过程中工业机器人处于试验工作状态。

试验结束后,待工业机器人断电停止运行,试验箱升温使样品温度保持并稳定在与试验室大气条件相同或稍高 1~2 ℃,调整试验箱内相对湿度至与试验室大气环境条件同等,稳定一段时间后取出工业机器人,为防止样品出箱时出现凝露现象,试验全程升降温速率为 1 ℃/min。

③高温贮存试验操作。

将工业机器人放入试验箱中,然后将试验箱设置到 55 ℃,启动试验箱,试验过程中试验环境相对湿度不超过 50%。

当箱内温度达到 55 ℃后,开始计时。工业机器人在此条件下连续暴露时间为 24 h,试验结束后待箱内温度恢复到室温取出工业机器人,试验全程升降温速率为 1 ℃/min。整个试验过程中,工业机器人处于不带电贮存状态。

试验结束后,工业机器人恢复到标准条件后进行验证试验。

④高温运行试验操作。

将工业机器人放入试验箱中,将试验箱设置到 T_{max} 后启动试验箱,试验过程中试验环境相对湿度不超过 50%。

当箱内温度达到 T_{max},待温度稳定后通电运行,工业机器人在此条件下连续暴露时间为 4 h。整个试验过程中工业机器人处于工作状态。

试验结束后,工业机器人断电停止运行,待箱内温度恢复到室温取出工业机器人,试验全程升降温速率为 1 ℃/min。

⑤恒定湿热试验操作。

将工业机器人放入试验箱内，从室温开始试验，当温度达到设定值 40 ℃且稳定一段时间后，再调整试验相对湿度达到设定值(85±3)%，这样可以避免湿度过大时样品表面出现凝露。当试验箱内条件达到规定温湿度条件后开始计时，工业机器人在此条件下连续暴露时间为 48 h。还可根据实际使用情况采用合适的试验持续时间，应在试验报告中注明试验持续时间，并说明原因。整个试验过程中工业机器人处于工作状态。

试验结束后，工业机器人应有一段恢复时间，使工业机器人处于与初始检测时相同的大气环境条件。

需注意，湿热试验用水应采用纯净水、蒸馏水或去离子水。进行湿热试验时，试验箱内壁和顶部的凝结水不应滴落在试验样品上，有喷雾系统的试验箱内，样品应远离喷射口且湿气不可直接喷到样品上，凝结水应连续排出试验箱，排出的凝结水不能重复使用。

2.2.3 机械环境试验

1.试验设备

机械环境试验设备模拟的环境因素大部分属于诱发环境因素，对工业机器人产品进行机械环境试验所使用的试验设备类型见表 2.9。

表 2.9 机械环境试验设备类型

序号	试验类型	试验设备
1	振动试验	机械振动试验台
		气动振动试验台
		液压振动试验台
		电磁振动试验台
2	冲击试验	碰撞试验台
		跌落式冲击试验台
		振动试验台
3	运输模拟	振动试验台

振动试验台依据振动的实现方式不同主要有电磁式、液压式、机械式和气动式。由于气动式振动台无法精确控制输出的频率，所以只用在特定的场合。机械式振动台因为其频率范围较窄且波形输出质量较差，除了一些特殊用途外，已经很少被使用。现在应用较多的振动台就是电磁振动台和液压振动台。

(1)设备使用。

因不同厂家、不同型号设备的操作不尽相同，此处仅对通用的操作流程和注意事项进行简要介绍。

设备操作流程如下：

① 操作前准备。

a. 检查振动台与功率放大器的连接电缆，连接应正确、无误。

b. 检查电源的输出功率是否满足设备的要求。

c. 检查台体的隔振气囊的充气情况，确保气囊充填合适体积的气体（台体上通常会有指示标记）。

d. 检查动圈的对中状态，可采用高度指示尺测量动圈高度，动圈对中后的高度以设备操作手册中的要求为准。

e. 安装好夹具和被试产品。根据产品、夹具和试验条件，应核对振动台参数是否满足试验条件，同时要注意产品安装后其偏载不应超过振动台允许偏心力矩。应尽量调整夹具，将被试产品（包括夹具）的重心与台面的中心重合。

f. 检查传感器连接是否牢固。传感器的安装很关键，若出现问题会使试验结果不真实，严重时甚至可能损坏设备或被试产品。传感器安装时应保证安装部位平坦光滑，注意振动方向，正确连接传感器线缆。如果传感器连接处有水浸入，必须用防水密封膏密封联结部。

g. 振动控制仪连接线缆检查。为避免产生振动干扰，控制仪通常应独立接地，控制仪信号与功率放大器、传感器之间应通过屏蔽线缆连接。

h. 检查冷却系统运行状态。对于风冷振动台应确认风机的运行状态；对于水冷振动台应检查管路阀门是否开启，循环水泵运转是否正常，内循环冷水机组运转是否正常。

② 设备开机运行。

a. 控制仪启动后依照作业指导书要求设置相关试验参数。注意，设置传感器灵敏度参数时应考虑试验频率段和量级参数，并结合校准证书上的溯源量值选取。试验参数设置完成后应仔细核对试验量级是否在振动台阈值范围内，以保证试验可正常进行且不会损坏设备。

b. 控制仪参数设置完成后，应再次检查传感器接线、样品安装状态、振动台气囊对中状态。确认以上状态正常后，给励磁通电一段时间后（通常 10 s 左右，目的是获得稳定的励磁电压）再逐渐把增益上升到约 80%（增益设置量级应根据被试产品的质量和量级而定），然后操作控制仪进行试验，具体操作应参照设备的说明书或操作规程进行。注意，系统在启动后，严禁插拔输出信号线。此外，在使用水平滑台进行试验时必须打开静压油源，并且水平台面应预先开机一段时间（通常约 10 min），直到用手能轻松推动水平台为止。

c. 若振动台发生故障，操作者对待突发故障的正确办法是先停机，再分析和寻找故障的原因，维修并清除故障之后才能再次投入使用。

③ 设备关机。

a. 试验停止运行后，应先将增益恢复零位，再切断励磁电路供电。

b. 拆卸时应先拆除传感器，再拆卸被试产品和工装。完成垂直方向试验后，连接动圈的振动扩展台也应拆下,不可设备断电后仍将扩展台压在动圈上,以免损坏设备。

c.关闭功率放大器电源,此时系统各主要部件停止运行。冷却系统需继续运行一段时间,等待振动台体充分冷却后再关闭冷却系统。

(2)设备维护。

振动台的维护保养程序,依据振动台的工作环境和使用的频繁次数确定。通常,一年至少进行一次较全面的维护保养。

① 功率放大器。

a.确保通风口处空气流通顺畅,以保证冷却效果。

b.确保电缆连接紧固,无松动现象。

注意:以上操作应在主电源断开的情况下进行。

② 振动台。

a.检查振动台内部的导向系统导轮、垫板、扭转弹簧和位移开关触点,如果有过多的耗损或破裂,则应及时更换。

b.振动台内部的清洁。

③ 冷却单元。

a.检查冷却水管路的连接状况,管路阀门不应松动,管路连接处如果出现渗漏情况则需要及时修理。

b.检查冷却水管路水压,冷却水压力应与设备要求的技术指标一致。如不同,则应查找原因并排除解决。

④ 水平滑台。

a.应经常观察静压油源的油量。通常,当油位指示高度低于 1/2 时应进行补充加油。

b.在水平台未与振动台体连接时,检查水平滑台的滑动状态。具体办法为:接通静压油源电源,待油源工作一段时间(约 10 min)后,推动水平滑台应感觉滑动自然,无明显阻力。如水平滑台滑动不自然,则应首先确认静压油源的工作压力是否在设备说明书规定的范围内;其次检查水平滑台的底部是否有凸出的部分,如有,则应去除凸出部分。

2.试验程序

(1)试验条件要求。

工业机器人产品进行机械环境适应性试验时,气候条件要求见表 2.10。

表 2.10 试验气候条件要求

环境参数	要求
气候条件	环境温度:15~35 ℃; 相对湿度:20%~80%; 大气压力:86~106 kPa

工业机器人在机械环境适应性试验前和试验后进行外观检查和功能检查。

振动试验时应将被测工业机器人安装在振动台面上,模拟实际使用的安装方式,在试验姿态下按作业指导书进行试验,试验过程中被测工业机器人应处于通电待机空载状态。若实际条件不允许,则工业机器人本体和控制系统可分别进行试验。

冲击试验时应将被测工业机器人直接紧固到台面上或通过夹具紧固到台面上,试验过程中被测工业机器人应处于不带电状态。

运输试验时应保证机器人处于包装运输状态。安装被测工业机器人时,应尽量模拟实际运输固定方式。若包装件能够以多种方式固定在运输车辆上,则应选择最易发生包装件破损的方式。如果不确定,则应从各种可能方式中选择最严酷的方式。被测工业机器人包装件可采用围栏围住,以免振动过程中从台上坠落。

(2)试验严酷等级。

①振动试验严酷等级。

振动试验采用正弦振动试验谱,在 3 个轴向按照表 2.11 所示参数进行试验。

表 2.11　工业机器人振动试验参数

试验项目	试验内容	数值
初始和最后振动响应检查	频率范围/Hz	5～55
	扫频速度/(倍频程·min^{-1})	≤1
	振幅/mm	0.15
定频耐久试验	振幅/mm	0.75(5～25 Hz,含 25 Hz)或 0.15(25～55 Hz)
	持续时间①/min	10
		30
		90
扫频耐久试验	频率范围/Hz	5～55
	振幅/mm	0.15
	扫频速度/(倍频程·min^{-1})	≤1
	循环次数	5

注:①持续时间根据工业机器人应用需求和制造商意见选择其一。

②冲击试验严酷等级。

冲击试验采用经典半正弦脉冲波形试验,按照工业机器人承受冲击程度和频次的不同,可分为非重复性冲击和重复性冲击。各类冲击试验的峰值加速度和脉冲持续时间(3 个轴向)从表 2.12 和表 2.13 中选取。

表 2.12 工业机器人非重复性冲击试验参数

峰值加速度/(m·s⁻²)	脉冲持续时间/ms
50	30
150	11
300	18

表 2.13 工业机器人重复性冲击试验参数

峰值加速度/(m·s⁻²)	脉冲持续时间/ms
100	16
150	6
250	6

③运输试验严酷等级。

运输试验采用随机振动试验谱。试验条件应来自从运输环境中实际采集的数据。若无实际采集数据可用,优先使用表 2.14 所示的频谱。

表 2.14 工业机器人运输试验参数

频率/Hz	功率谱密度/(g²·Hz⁻¹)
2	0.000 5
4	0.012
18	0.012
40	0.001
200	0.000 5
加速度均方根值(G_{rms}):0.604g	

根据工业机器人包装件运输环境条件不同,试验强度分为以下 3 个等级:

a.等级 1:非常长距离(大于 2 500 km)运输,或预期运输路况较差,试验时间为 180 min。

b.等级 2:长距离(大于等于 200 km,小于等于 2 500 km)运输,公路、铁路设施较为完备,气候温和,试验时间为 90 min。

c.等级 3:短距离(小于 200 km)国内运输,预期没有特殊的危害,试验时间为 15 min。

(3)样品布置与传感器安装。

振动试验时应将被测工业机器人安装在振动台上,安装固定应模拟实际使用的安装方式,一般通过扩展台和工装夹具刚性固定在振动台面上。工业机器人的试验姿态一般选取常用工作姿态或贮存运输时的姿态。图 2.19 为某工业机器人本体通过扩展台、夹具和压板固定在振动台垂直轴向的固定实例。图 2.20 为某工业机器人控制器通过扩展台、夹具固定在振动台垂直轴向的固定实例。

图 2.19　某工业机器人本体固定实例

图 2.20　某工业机器人控制器固定实例

振动试验样品安装固定后,需安装控制传感器和监测传感器。一般控制传感器应尽量靠近紧固试验样品的安装点处布置,如图 2.21 所示。监测传感器用于检测产品在振动试验中的产品响应状态参数,监测传感器一般安装在最能反映产品振动响应特性的点,工业机器人本体上粘贴 3 处监测传感器,如图 2.22 所示。

冲击试验的样品固定方式同振动试验基本一致,控制传感器一般采用单点控制,若无特别说明可不用安装监测传感器。

运输试验的控制传感器布置根据试验台台面大小,可选择单点控制或多点加权平均控制。控制传感器安装位置应尽量靠近包装件与台面连接固定点处,若无特别说明可不用安装监测传感器。

图 2.21　控制传感器布置

图 2.22　监测传感器布置

特别注意传感器固定方向应与试验振动方向一致,更换振动方向时也应及时调整传感器的固定方向,若使用3轴加速度传感器,则应注意接线与振动方向一致。

(4)试验实施程序。

①振动试验操作。

a.初始振动响应检查。

将工业机器人按照要求进行安装固定,粘贴相应加速度传感器,依次在3个轴向按表2.11所规定参数进行试验,并记录每个轴向上的共振点。当共振点较多时,每个轴向取4个振幅较大的共振点。

在试验规定的频率范围内,当无明显的共振点或共振点超过4个时,则不做定频耐久试验,仅做扫频耐久试验。

共振点(或危险频率)的判断依据为:在试验样品上监测点测得的响应加速度数据中,

峰值加速度幅值与控制点加速度幅值之比大于 2 的机械振动共振频率;使产品的性能指标或主要功能出现明显变化的频率。

b. 定频耐久试验。

用初始振动响应检查中共振点上的频率和共振点所处频段的驱动振幅,依次进行定频耐久试验,定频耐久试验后进行最后振动响应检查。

c. 扫频耐久试验。

扫频耐久试验在 5~55 Hz 的频率范围由低到高,再由高到低,作为一次循环,共进行 5 次扫频循环。已做过定频耐久试验的被测工业机器人,可不进行扫频耐久试验。

d. 最后振动响应检查。

最后振动响应检查按表 2.11 所规定参数进行试验,经扫频耐久试验的被测工业机器人,可将最后一次扫频试验作为最后振动响应检查。将本试验记录的共振频率与初始振动响应检查记录的共振频率进行比较,若有明显变化,则应对受试被测工业机器人进行修整,重新进行试验。

e. 最后检查。

在试验后被测工业机器人应有一段恢复时间,被测工业机器人处于与初始检测时相同的条件,且应通过外观检查和功能检查。

② 冲击试验操作。

对于非重复性冲击,除有关规定外,应对被测工业机器人的 3 个相互垂直方向的每一方向(每一轴向有两个方向)连续施加 3 次冲击,即共 18 次。冲击量级可从表 2.12 中的推荐值选取,当采用其他量值或冲击方向时,应在报告中注明并说明采用的原因。

对于重复性冲击,除有关规定外,应在被测工业机器人的 3 个互相垂直的轴线的每一方向上(每一轴向有两个方向)施加规定的冲击次数。冲击量级可从表 2.13 中的推荐值选取,每个方向的冲击次数为(100±5)次或(500±10)次。当采用其他的量值或冲击方向时,应在报告中注明并说明采用的原因。

在试验后被测工业机器人应有一段恢复时间,被测工业机器人处于与初始检测时相同的条件,且应通过外观检查和功能检查。

③ 运输试验操作。

按照表 2.14 运输试验严酷等级规定的试验量级和时间进行试验,试验中观察包装件的状态,若出现包装损坏或异响等情况,则应及时停止试验。

在试验后被测工业机器人应有一段恢复时间,被测工业机器人包装件处于与初始检测时相同的条件,查看机器人运输包装件是否有损坏,拆开包装后被测工业机器人应通过外观检查和功能检查。

2.3 工业机器人电气特性检测试验

2.3.1 概述

对工业机器人进行电气特性检测，主要是对其电气安全规格（简称电气安规）进行测试，主要包括保护联结电路的连续性试验、绝缘电阻试验、耐压试验、残余电压试验和对地泄漏电流试验。

2.3.2 试验设备

1. 电气安规测试设备

出于方便，有的测试设备厂商将电气安规测试功能集成为一套系统，即一台试验设备可进行多项电气安规试验。图 2.23 为某生产厂家的多功能电气安规测试仪。

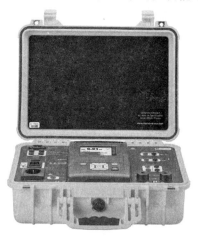

图 2.23　多功能电气安规测试仪

2. 设备使用

不同厂家的设备操作并不相同，检测试验人员应按生产厂家提供的使用说明书或制定的设备操作规程测试设备。操作规程应介绍该测试装置的主要技术参数、测量范围和使用方法。特别是在进行绝缘电阻试验和耐压试验前，应注意检查设备和探头是否有损坏，防止发生高压触电危险。

测试设备应处于溯源有效期内。

3. 设备维护

通常，电气安规测试设备无特殊的维护保养要求，可定期对其进行常规的清洁、紧固线缆等维护。

2.3.3　保护联结电路的连续性试验

1.试验要求

PE 接地端子(与接地体连接的端子)和各保护联结电路部件的有关点之间的电阻应采用取自最大空载电压为 24 V AC 或 DC 的独立电源,电流在 0.2～10 A 之间进行测量。

2.试验实施

对工业机器人产品进行保护联结电路的连续性试验应按以下程序进行:

①切断工业机器人产品的供电电源。

②在 0.2～10 A 之间设置试验电流。通常可设置试验电流为 10 A,设置每个测试点的试验时间为 10 s。

③对工业机器人电气控制装置的外部保护 PE 接地端子与电气控制装置外壳、工业机器人本体外壳或相应的保护接地装置之间进行测试。

④记录试验数据。

2.3.4　绝缘电阻试验

1.试验要求

对工业机器人产品的动力电路导线和保护联结电路间施加 500 V DC,测得的绝缘电阻不应小于 1 MΩ。

2.试验实施

对工业机器人产品进行绝缘电阻试验应按以下程序进行:

①切断工业机器人产品的供电电源,断开被测电路与保护接地电路之间的连接。

②对工业机器人产品的动力电路进行绝缘电阻检测,应对动力电路导线及相关元器件(包括电源开关的电源输入端子、输出端子)进行试验。

③对工业机器人产品的单个部件进行绝缘电阻检测时,单独部件应满足整个工业机器人的保护接地连续性要求。

④记录试验数据。

如果工业机器人产品包含浪涌保护器件,则在试验期间可临时拆除这些器件。

2.3.5　耐压试验

1.试验要求

对工业机器人产品的动力电路导线和保护联结电路之间施加频率为 50 Hz、最大试验电压为 2 倍的工业机器人的额定电源电压值或 1 000 V(两者取较大者),施加时间不少于 1 s。

工业机器人通过绝缘电阻试验后,才允许进行耐压试验。

工业机器人产品质量安全检测（初级）

2.试验实施

对工业机器人产品进行耐压试验应按以下程序进行：

①切断工业机器人产品的供电电源，断开被测电路与保护接地电路之间的连接。在被测的工业机器人的安全范围内，设置警示标记。

②对工业机器人产品的动力电路导线和保护联结电路之间施加试验电压时，应当从足够低的电压开始，然后缓慢升高电压。

③通常，施加的试验电压从足够低的电压到大于等于 1 000 V 的时间应大于 2 s、小于 10 s。试验电压达到规定的最大值后应保持一定的时间，保持时间通常大于 1 s、小于 5 s。保持时间过后，试验电压迅速降低，但不能被突然切断。

④记录试验现象。

2.3.6　残余电压试验

1.试验要求

切断工业机器人的供电电源后，任何残余电压高于 60 V 的带电部分，都应在 5 s 之内放电到 60 V 或 60 V 以下。

2.试验实施

对工业机器人产品进行残余电压试验应按以下程序进行：

①工业机器人稳定运行一定时间后，停止工业机器人运行。

②切断工业机器人供电电源。

③记录工业机器人电源端电压测量值和放电时间测量值。

2.3.7　对地泄漏电流试验

1.试验要求

测量工业机器人产品的对地泄漏电流，确认其是否超过规定值 10 mA AC(或 DC)。

2.试验实施

对工业机器人产品进行对地泄漏电流测试应按以下程序进行：

①工业机器人上电。

②设置工业机器人为典型工作状态，并稳定运行一段时间。

③记录工业机器人对地泄漏电流测量值。

2.4　工业机器人电磁兼容性检测试验

2.4.1　概述

工业机器人产品的电磁兼容性是指工业机器人产品在其预期使用的电磁环境中能正常工作,且不对该环境中任何设备或系统构成不能承受的电磁骚扰的能力。工业机器人产品的电磁兼容性检测试验主要包括:

(1)谐波电流发射试验。

(2)电压波动和闪烁试验。

(3)电源和电信端口的传导骚扰试验。

(4)电磁辐射骚扰试验。

(5)静电放电抗扰度试验。

(6)射频电磁场辐射抗扰度试验。

(7)电快速瞬变脉冲群抗扰度试验。

(8)浪涌(冲击)抗扰度试验。

(9)射频场感应的传导骚扰抗扰度试验。

(10)工频磁场抗扰度试验。

(11)电压暂降和短时中断抗扰度试验。

2.4.2　试验场地要求

上述的 11 项检测试验项目,其中电磁辐射骚扰和射频电磁场辐射抗扰度试验,应在半电波暗室进行。传导骚扰试验项目应在屏蔽室内进行。其他检测试验项目应优选在屏蔽室进行,或保证环境引入的传导干扰满足标准要求。

1. 屏蔽室

屏蔽室主要作用是屏蔽电磁信号,阻断屏蔽室内、外电磁信号的传播。

屏蔽室主要由以下几部分构成:

(1)屏蔽材料,如高导电率的金属钢板。

(2)屏蔽门。

(3)波导窗,用于通风等。

(4)信号接口板,如射频信号接口、电信号接口、气体管路接口等。

(5)滤波器,包括电源滤波器、信号滤波器等。

2. 半电波暗室

半电波暗室是在屏蔽室的基础上,地面为金属材料,其余内表面装设可以吸收预期频率范围电磁波的吸波材料。半电波暗室主要由屏蔽室、吸波材料、转台、天线塔、视频监控系统等构成，是比较理想的电磁兼容试验场地，工业机器人产品的电磁兼容试验项目均可在半电波暗室中进行。

常用的半电波暗室按测试距离的不同可分为 3 m 法半电波暗室和 10 m 法半电波暗室。标准的 3 m 法半电波暗室的外形尺寸为 9 m（长）×6 m（宽）×6 m（高）。标准的 10 m 法半电波暗室的外形尺寸为 20 m（长）×13 m（宽）×10 m（高）。10 m 法半电波暗室如图 2.24 所示。

图 2.24　10 m 法半电波暗室

3.使用与维护

屏蔽室和半电波暗室应按生产厂家说明书使用与维护。屏蔽室和半电波暗室应保持适合的湿度，以延长其使用寿命。应定期对屏蔽室和暗室进行维护，除常规的维护要求外，还有一些特殊要求。

（1）屏蔽体。

①应保持屏蔽体清洁，防止屏蔽体被尖锐物体碰撞。

②严禁其他物体（如水、油等）腐蚀屏蔽体。

③为了保证屏蔽效能，禁止对屏蔽体进行钻孔等破坏性操作，禁止其他导体的搭接。

④定期使用润滑剂（如 WD－40）对屏蔽门四周的指簧进行清洗。指簧若损坏，应及时更换。

⑤应尽量将屏蔽门保持关闭状态。

（2）吸波材料。

①吸波材料应保持清洁，但禁止用水性物质擦洗。

②防止碰撞吸波材料，以免损坏。一旦发现损坏，应立即进行更换。

2.4.3　谐波电流发射

谐波电流发射试验是在工业机器人产品正常工作时，对其电源端口发射的 2～40 次谐波的测量。

1.试验设备

(1)谐波电流测量设备。

谐波电流测量设备可以对谐波电流进行测量与分析。某厂家生产的谐波闪烁分析仪如图 2.25 所示。

图 2.25　谐波闪烁分析仪

(2)试验电源。

对工业机器人产品进行谐波电流发射试验,是对其电源端口进行测量,因此需要一个电能质量优良的电源供电,通常采用可编程电源。

(3)设备使用。

谐波电流测量设备的生产厂家使用说明或操作规程规定了设备的基本使用方法,包括被测设备类别的选择、限值的设定、试验数据设置的分析等操作方式。检测试验人员可按照该设备生产厂家使用说明或设备的操作规程来使用设备。

(4)设备维护。

应按生产厂家使用说明或设备维护保养规程进行设备维护。维护保养主要包括:

①定期对设备进行常规的清洁维护。

②定期检测线缆连接的可靠性。

2.试验程序

(1)试验条件。

在试验前应对试验条件进行确认,以保证试验可以有效实施。

①试验环境参数要求见表 2.15。

表 2.15　试验环境参数要求

环境参数	要求
气候条件	工业机器人应在预期的气候条件下工作
电磁环境条件	实验室的电磁环境应保证工业机器人正确运行,且不对测试结果造成影响。(优选在屏蔽室内)

②检测试验的试验设备应处于溯源有效期内。

（2）试验要求。

①工业机器人产品通常按 A 类设备考量。

②通常设定工业机器人产品的工作模式为在额定速度和额定负载条件下，沿固定轨迹运动。

③试验时间的典型值通常为 2.5 min。

（3）试验布置。

对工业机器人进行谐波发射测试，试验布置无特殊要求，按图 2.26 进行试验布置即可。

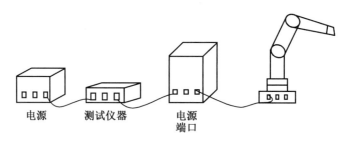

电源　　测试仪器　　电源端口

图 2.26　试验布置图

（4）试验实施。

①试验前，应确认工业机器人可以按预期的工作模式正常工作。

②试验期间，工业机器人应按设定的工作模式正常运行，对工业机器人的供电电源端口进行测量。

③试验后，应记录并保存试验数据。

2.4.4　电压波动和闪烁测量

电压波动和闪烁测量是在工业机器人产品正常工作时，对其电源端口发射的电压波动和闪烁的测量。

1. 试验设备

（1）电压闪烁测量设备。

电压闪烁测量设备可以对长闪烁 P_{lt}、短闪烁 P_{st} 和电压变化 $d(t)$ 等电参数进行测量与分析。图 2.25 所示的谐波闪烁分析仪可作为电压闪烁测量设备。

（2）试验电源。

同谐波电流发射试验，对工业机器人进行电压波动和闪烁试验同样需要电能质量优良的电源对其进行供电。

（3）设备使用。

电压闪烁测量设备的生产厂家使用说明或操作规程规定了电压闪烁测量设备的基本使用方法，包括限值的设定、试验数据的分析设置等操作方式。检测试验人员可按照设备生产厂家使用说明或设备的操作规程来使用设备。

（4）设备维护。

参见 2.4.3 节 1.（4）部分。

2.试验程序

（1）试验条件。

参见 2.4.3 节 2.（1）部分。

（2）试验要求。

①通常,工业机器人产品的工作模式为在额定速度和额定负载条件下,沿固定轨迹运动。该运动轨迹应使工业机器人的各轴电机反复正反转运行。

②通常,试验时间的典型值为 2 h。

（3）试验布置。

对工业机器人进行电压波动和闪烁测试,试验布置无特殊要求,按图 2.26 进行试验布置即可。

（4）试验实施。

①试验前,应确认工业机器人可以按预期的工作模式正常工作。

②试验期间,工业机器人应按设定的工作模式正常运行,对工业机器人的供电电源端口进行测量。

③试验后,应记录并保存试验数据。

2.4.5　电源和电信端口的传导骚扰试验

电源和电信端口的传导骚扰试验是在工业机器人产品正常工作时,对其电源端口和电信端口向线缆传导发射 150 kHz～30 MHz 电磁能量的测量。

1.试验设备

（1）测量接收机。

测量接收机应能测量 150 kHz～30 MHz 的射频信号。某生产厂家的测量接收机如图 2.27 所示。

图 2.27　测量接收机

（2）人工电源网络。

对工业机器人产品的电源端口进行测量时需使用人工电源网络。某厂家生产的人工电源网络如图 2.28 所示。

工业机器人产品质量安全检测（初级）

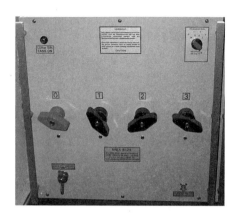

图 2.28　人工电源网络

（3）阻抗稳定网络。

对工业机器人产品的电信端口进行测量，需要使用阻抗稳定网络。某厂家生产的阻抗稳定网络如图 2.29 所示。

图 2.29　阻抗稳定网络

（4）设备使用。

通常，需要专业的测试软件来实现对测量接收机的控制，进而实现传导骚扰的测量。检测试验人员按照该测试软件的使用说明或操作规程，实现对测量接收机的通信参数、频率范围、检波方式等参数的设置，按测试流程完成传导骚扰信号的测量。

在使用测量接收机时，应注意射频信号的强度，防止因信号强度超出测试范围而损坏测量接收机。

人工电源网络和阻抗稳定网络在使用时可以参照生产厂家使用说明或操作规程规定。

在使用人工电源网络和阻抗稳定网络时，应注意：

①人工电源网络的额定电压和额定电流。

②区分被测试设备端口与辅助设备端口。

（5）设备维护。

参见 2.4.3 节 1.（4）部分。

2.试验程序

（1）试验条件。

参见 2.4.3 节 2.(1)部分。

(2)试验要求。

①工业机器人产品的工作模式见表 2.16。

表 2.16　工业机器人产品的工作模式

工作模式	说明
模式 1	(1)工业机器人所有部件均处于通电状态; (2)工业机器人处于待执行任务状态
模式 2	工作状态:额定负载、额定速度、运动轨迹符合设计最大行程
模式 3(可选)	自定义模式,若模式 1、模式 2 不能覆盖工业机器人最大发射状态,则可选择自定义模式进行测试

②根据工业机器人产品的应用,可采用台式或落地式的试验布置方式。

③工业机器人产品的试验端口通常包括电源端口和电信端口。

④对测量接收机的参数进行设置,如频率范围为 150 kHz～30 MHz,检波方式为峰值检波、准峰值检波和平均值检波等。

⑤不同分组分类的工业机器人的试验端口的传导骚扰限值不同,应根据试验计划(或作业指导)中的要求设置限值。

(3)试验布置。

按照试验计划(或作业指导)的要求,对工业机器人产品进行传导骚扰试验的试验布置。

台式工业机器人传导骚扰试验布置示意如图 2.30 所示。

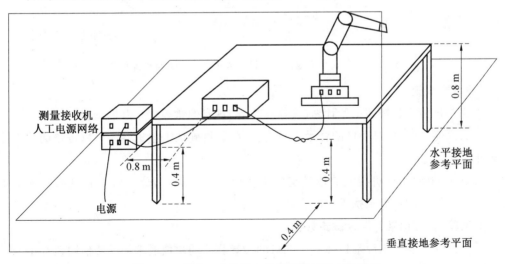

图 2.30　台式工业机器人传导骚扰试验布置示意

落地式工业机器人传导骚扰试验布置示意如图2.31所示。

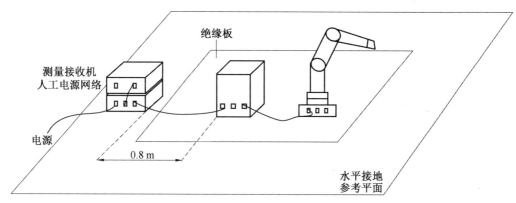

图2.31　落地式工业机器人传导骚扰试验布置示意

台式和落地式工业机器人传导骚扰试验布置示意如图2.32所示。

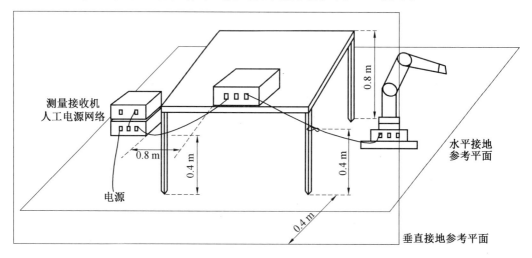

图2.32　台式和落地式工业机器人传导骚扰试验布置示意

（4）试验实施。

①检测试验人员按照试验计划（或作业指导）规定的试验程序开展试验。

a.试验前，首先应对环境的背景噪声进行测试，再确认工业机器人可以按预期的工作模式正常工作。

b.试验期间，工业机器人应按设定的工作模式正常运行，分别对工业机器人的电源端口和电信端口的传导骚扰进行测量。

c.试验后，应记录并保存试验数据。

②对工业机器人电源端口和电信端口的传导骚扰的限值要求为准峰值限值和平均值限值。出于节约试验时间的考虑，利用检波方式的特点，通常先采用峰值检波器进行扫描，然后提取峰值测量值高于准峰值和平均值限值的频率点，对其进行准峰值检波和平均值检波扫描。

③在试验实施时,应注意:

a. 测试开始前,应在工业机器人启动并稳定运行后,再将射频电缆连接到测量接收机的测试端口。

b. 测试结束后,应先断开射频电缆与测量接收机测试端口的连接,再停止工业机器人的运行。

c. 为了保护测量接收机,试验时可在其测量端口加装脉冲限幅器。

d. 工业机器人产品在实际应用中通常接地,因此在试验中应保证工业机器人产品可靠接地。

2.4.6　电磁辐射骚扰测量

电磁辐射骚扰测量是在工业机器人产品正常工作时,对向空间发射频率范围为 150 kHz~6 GHz 电磁能量的测量。

1. 试验设备

(1)测量接收机。

测量接收机应能测量 150 kHz~6 GHz 的射频信号。

(2)接收天线。

①磁场接收天线。

磁场接收天线可接收频率范围为 150 kHz~30 MHz 的磁场信号。图 2.33 所示为环型磁场天线。

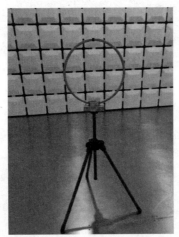

图 2.33　环型磁场天线

②电场接收天线。

电场接收天线可接收频率范围为 30 MHz~6 GHz 的电场信号。图 2.34 所示为对数双锥复合天线。

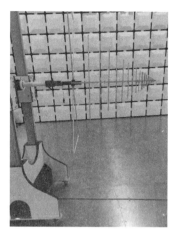

图 2.34　对数双锥复合天线

（3）天线塔。

天线塔搭载天线在 1～4 m 的高度上下移动，如图 2.35 所示。

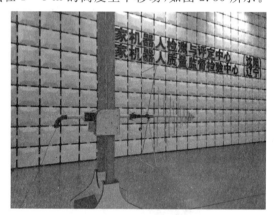

图 2.35　天线塔

（4）转台。

工业机器人被布置在转台上，转台可进行 360°的旋转，如图 2.36 所示。

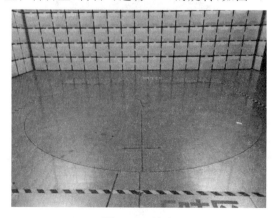

图 2.36　转台

(5)设备使用。

同传导骚扰测试一样,以上述设备为主要设备集成的辐射骚扰测试系统,需要专业的测试软件来实现对测量接收机、天线塔和转台等设备的控制,进而实现辐射骚扰的测量。检测试验人员按照该测试软件的使用说明或操作规程,可实现对测量接收机的通信参数、频率范围、检波方式等参数的设置,控制天线塔升降和转台旋转。同样,该测试软件也集成了辐射骚扰测试流程,通过该软件即可完成辐射骚扰测试。

在控制天线塔时,应注意:

①注意保护天线塔光纤,不要踩踏或者物品轧压。

②天线塔连接的线缆不要缠绕其他物品,以免天线塔升降时被阻碍,甚至被拉倒。

(6)设备维护。

参见 2.4.3 节 1.(4)部分。

2.试验程序

(1)试验条件。

①试验环境参数要求见表 2.17。

表 2.17　试验环境参数要求

环境参数	要求
气候条件	工业机器人应在预期的气候条件下工作
电磁环境条件	实验室的电磁环境应保证工业机器人正确运行且不影响测试结果,应在暗室内进行

②检测试验的试验设备应在溯源有效期内。

(2)试验要求。

①工业机器人产品的工作模式见表 2.16。

②根据工业机器人产品的应用,可采用台式或落地式的试验布置方式。

③根据工业机器人产品的尺寸确定测试距离,通常采用 10 m 测试距离。

④对测量接收机的参数进行设置,如频率范围为 30 MHz～1 GHz,检波方式为峰值检波、准峰值检波和平均值检波等。

⑤对不同分组分类的工业机器人、不同的测试距离测得辐射骚扰限值是不同的,应根据试验计划(或作业指导)中的要求设置限值。

(3)试验布置。

按照试验计划(或作业指导)的要求,对工业机器人产品进行辐射骚扰试验的试验布置。

台式工业机器人辐射骚扰试验布置示意如图 2.37 所示。

落地式工业机器人辐射骚扰试验布置示意如图 2.38 所示。

台式和落地式工业机器人辐射骚扰试验布置示意如图 2.39 所示。

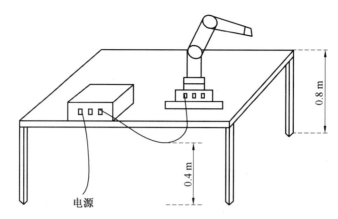

图 2.37　台式工业机器人辐射骚扰试验布置示意

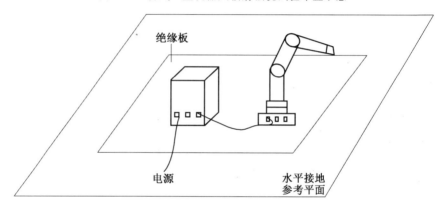

图 2.38　落地式工业机器人辐射骚扰试验布置示意

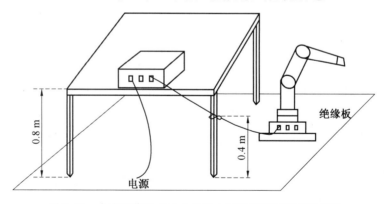

图 2.39　台式和落地式工业机器人辐射骚扰试验布置示意

(4)试验实施。

①检测试验人员按照试验计划(或作业指导)规定的试验程序开展试验。

a.试验前,首先应对环境的背景噪声进行测试,再确认工业机器人可以按预期的工作模式正常工作。

b.试验期间,工业机器人应按设定的工作模式正常运行,分别对工业机器人辐射骚扰的磁场分量和电场分量进行测量。通常,天线塔在 1～4 m 的高度上下移动,转台承载工业机器人实现 360°的旋转。

c.试验后,应记录并保存试验数据。

②同传导骚扰测试一样,辐射骚扰测试也先采用峰值检波器进行初次扫描,然后提取峰值测量值高于限值的频率点,再以限值要求的检波器进行再次扫描。

③在试验实施中,应注意:

a.测试 150 kHz～30 MHz 辐射骚扰磁场分量需在 3 m 距离、1 m 高度进行测量。

b.测试 1 GHz 以上辐射骚扰磁场分量需在 3 m 距离进行测量。

c.为了提高辐射骚扰测量准确度,可在测量接收机的测量端口加装预置放大器。

d.工业机器人产品在实际应用中通常接地,因此在试验中应保证工业机器人产品可靠接地。

e.测试距离为从接收天线的参考点至工业机器人固定部分的虚拟圆边界的距离,如图 2.40 所示。

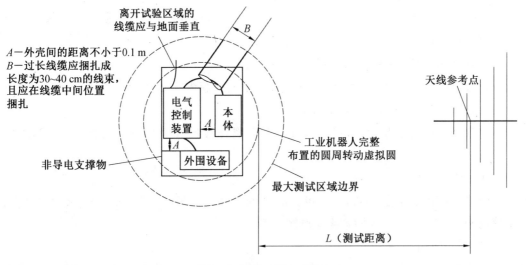

图 2.40　测试距离定义

2.4.7　静电放电(ESD)抗扰度试验

静电放电(ESD)抗扰度试验是在工业机器人产品正常工作时,考量其抵抗静电放电干扰的能力。

特别安全事项:静电放电抗扰度试验对于穿戴心脏起搏器的人员是危险的,这类人员不应从事该类工作。

1.试验设备

(1)静电放电发生器。

对工业机器人产品进行静电放电抗扰度试验主要使用的设备是静电放电发生器。静电放电发生器通常由主机、放电枪、放电电极和放电网络模块等部分组成。某厂家生产的静电放电发生器如图 2.41 所示。

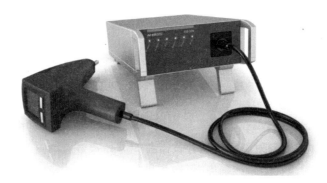

图 2.41　静电放电发生器

（2）其他设备。

①470 kΩ 泄放电阻。

②接地参考平面。

接地参考平面应为一种最小厚度为 0.25 mm 的铜或铝制成的金属薄板，其他金属材料虽可使用，但其厚度应至少为 0.65 mm。

③垂直耦合板（VCP）和水平耦合板（HCP）。

耦合板应为一种最小厚度为 0.25 mm 的铜或铝制成的金属薄板，其他金属材料虽可使用，但其厚度应至少为 0.65 mm。

垂直耦合板尺寸为 0.5 m×0.5 m，水平耦合板尺寸为（1.6±0.02）m×（0.8±0.02）m。

④绝缘支撑物。

绝缘支撑物主要包括（0.8±0.08）m 高的非导电桌子，（0.5±0.05）mm 厚的绝缘支撑物和 0.15～0.5 m 厚的绝缘支撑物。

（3）设备使用。

静电放电发生器的生产厂家使用说明或操作规程规定了静电放大发生器的基本使用方法，包括放电模式的选择、放电电压等级的设定、放电电压极性的设定，放电电极的更换和实施放电操作等。检测试验人员可按照该设备生产厂家使用说明或设备的操作规程来使用设备。

对工业机器人产品进行静电放电抗扰度试验时，静电发生放大器应使用（330 Ω/150 pF）的阻抗网络模块。静电放电发生器配有尖形和圆形两种放电电极，以实现接触放电和空气放电。尖形和圆形放电电极如图 2.42 所示。

在使用静电放电发生器时，应注意：

①使用期间，静电放电发生器必须可靠接地。

②更换放电电极时，请在设备关机状态下进行，以免遭电击。

③试验过程中，请勿用手接触耦合板。

图 2.42　尖形和圆形放电电极

④严禁用手或肢体固定放电回路电缆。

(4)设备维护。

参见 2.4.3 节 1.(4)部分。

2. 试验程序

(1)试验条件。

①试验环境参数要求见表 2.18。

表 2.18　静电放电抗扰度试验环境参数要求

环境参数	要求
气候条件	(1)工业机器人应在预期的气候条件下工作。 (2)进行空气放电试验时,应满足: 　　环境温度:15～35 ℃; 　　相对湿度:30%～60%; 　　大气压力:86～106 kPa
电磁环境条件	实验室的电磁环境应保证工业机器人正确运行(优选在屏蔽室内)

②检测试验的试验设备应处于溯源有效期内。

(2)试验要求。

①试验等级要求:接触放电的试验电压为±4 kV,空气放电的试验电压为±8 kV。

②工业机器人产品的工作模式要求见表 2.19。

表 2.19　工业机器人产品的工作模式要求

工作模式	说明
模式 1	(1)工业机器人所有部件均处于通电状态。 (2)工业机器人处于待执行任务状态
模式 2	典型工作模式
模式 3(可选)	自定义模式,若模式 1、模式 2 不能覆盖工业机器人全部功能或最敏感状态,则可选择自定义模式进行测试

③按工业机器人产品的应用,可采用台式或落地式的试验布置方式。

④放电点的位置在后续章节中说明。

⑤每个放电点施加放电的次数,通常至少10次/极性。

（3）试验布置。

工业机器人产品静电放电抗扰度试验的试验对象主要是其电气控制装置。下文要介绍的其他抗扰度试验(除射频电磁场辐射抗扰度试验外),也均以工业机器人的电气控制装置为试验对象。

检测试验人员应按试验计划(或作业指导)规定的试验布置方式和要求对工业机器人产品实施试验布置。工业机器人产品的台式和落地式试验布置要求分别如图 2.43和图 2.44 所示。

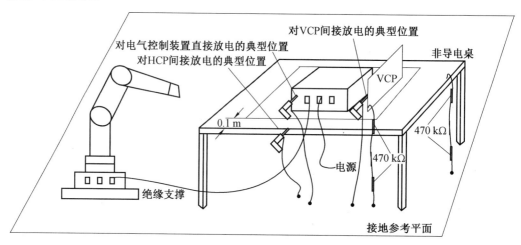

图 2.43　工业机器人产品静电放电抗扰度试验布置(台式)

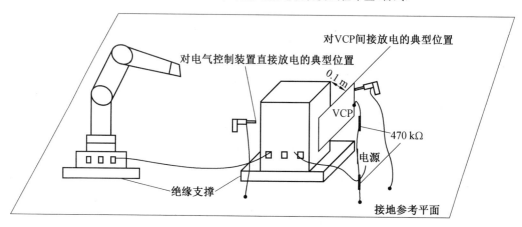

图 2.44　工业机器人产品静电放电抗扰度试验布置(落地式)

（4）试验实施。

①检测试验人员按照试验计划(或作业指导)规定的试验程序开展试验。

试验前,工业机器人应按设定的工作模式正常运行。在此期间,观察并记录其运行状态。

检测试验人员按照试验计划(或作业指导)中规定的静电放电发生器验证方法对检测试验设备进行验证。

标准中建议了一种试验前对静电放电发生器的验证方法。该验证方法是对静电放电发生器分别设置低、高放电电压,观察其对耦合板进行空气放电时产生的小火花和大火花。注意,进行此验证前,应确认接地带与接地参考平面的可靠连接。

试验过程中,按试验顺序依次实施放电试验。首先按试验要求设定检测设备的参数,然后按照施加静电放电的方式、放电点位置、放电次数等要求,对电气控制装置实施试验,观察并记录工业机器人的运行状态。

试验结束后,也应观察并记录工业机器人的运行状态。

②通常,需对工业机器人的电气控制装置进行直接施加的接触放电和空气放电试验,还有通过耦合板施加的间接放电。

a.直接施加的放电试验。

直接施加的放电试验包括接触放电试验和空气放电试验。

实施接触放电试验时,静电放电发生器应选用尖形的放电电极。接触放电施加的位置主要为电气控制装置裸露的金属部件,如螺钉、连接器金属外壳、电器元件金属外壳及其他裸露的金属部件等位置。

实施空气放电试验时,静电放电发生器应选用圆形的放电电极。空气放电施加的位置主要为电气控制装置的非金属表面、外部涂膜为绝缘层的金属部件表面、孔缝等位置。

b.通过耦合板施加的间接放电。

试验通过对垂直和水平耦合板的边缘进行接触放电实现。

③在试验实施中,应注意:

a.静电放电发生器的放电电极顶端应尽可能与实施放电点位置的表面保持垂直,以改善试验的可重复性。若二者无法保持垂直,则应记录该试验实施状况。

b.试验实施时,静电放电发生器的放电回路电缆与电气控制装置至少保持0.2 m的距离,并且试验人员不能手持该放电回路电缆。

c.如果电气控制装置上的金属部件表面涂膜为绝缘层,则对该位置仅进行空气放电试验;否则,电极应穿入漆膜,与导电层接触,进行接触放电试验。

d.实施接触放电试验时,放电电极的顶端先接触放电点,然后再操作放电开关。实施空气放电试验时,静电放电发生器的放电开关应先闭合,再逐渐接近放电点。

e.实施空气放电试验时,其放电电极应尽可能地接近并触及预期放电点(不要造成机械损伤)。每次放电之后,将放电电极从放电点移开,然后重新触发发生器,进行新的单次放电,这个程序应当重复至放电完成为止。

f.空气放电试验的试验等级应从较低等级开始,逐级实施,直到达到规定的试验等级。

g.对工业机器人进行电磁抗扰度试验时,若工业机器人工作出现异常,甚至运动不可控,则应立刻紧急停止机器人运动,必要时可直接切断其供电电源。该事项对射频电磁场辐射抗扰度试验项目均适用。

2.4.8 射频电磁场辐射抗扰度试验

射频电磁场辐射抗扰度试验是在工业机器人产品正常工作时,考量其抵抗空间辐射的频率范围为 80 MHz～2.7 GHz 射频电磁场能量干扰的能力。

1. 试验设备

(1)射频信号发生器。

射频信号发生器产生试验所需频率范围为 80 MHz～2.7 GHz 的射频信号,通常该射频信号需经过频率为 1 kHz、调制深度为 80% 的正弦波幅度调制。某厂家生产的射频信号发生器如图 2.45 所示。

图 2.45 射频信号发生器

(2)功率放大器。

顾名思义,功率放大器的作用是放大射频信号,提供发射天线输出所需的场强信号。某厂家生产的功率放大器如图 2.46 所示。

图 2.46 功率放大器

(3)发射天线。

发射天线是指满足频率特性要求,能够向空间发射射频电磁能量的天线。某厂家生产的发射天线如图 2.47 所示。

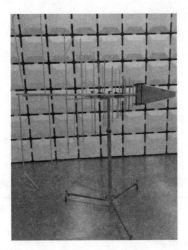

图 2.47　发射天线

（4）其他设备。

①场强计和场强探头（图 2.48），用于校验场均匀面。

图 2.48　场强计和场强探头

②功率计和功率探头（图 2.49），用于监测功率放大器输出的功率。

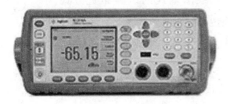

图 2.49　功率计和功率探头

（5）设备使用。

通常，将上述设备进行系统集成，构成射频电磁场辐射抗扰度测试系统，并通过软件控制该测试系统。所用控制软件的操作规程规定了使用该软件控制系统中各检测试验设备的方法，包括射频信号参数的设定、功率放大器参数的设定、场均匀面的校验等，并介绍了该软件监测的信号信息。

在使用射频电磁场辐射抗扰度测试系统时，应注意关注以下两点：

①功率放大器的前、反向功率值。如果反向功率和前向功率相等，则可能是功率放大器的输出端与发射天线之间没有连接好，有可能全反射，请检查连接是否正确。

②避免发射天线与其他物体碰撞而形变。

(6)设备维护。

参见 2.4.3 节 1.(4)部分。

2.试验程序

(1)试验条件。

参见 2.4.6 节 2.(1)部分。

(2)试验要求。

①试验等级要求见表 2.20。

表 2.20　工业机器人的射频电磁场辐射抗扰度试验等级要求

工作环境	试验等级
用于居住、商业和轻工业环境中的 工业机器人	3 V/m(80 MHz～1 GHz)，80%AM(1 kHz)； 3 V/m(1.4～2.0 GHz)，80%AM(1 kHz)； 1 V/m(2.0～2.7 GHz)，80%AM(1 kHz)
用于工业环境中的工业机器人	10 V/m(80 MHz～1 GHz)，80%AM(1 kHz)； 3 V/m(1.4～2.0 GHz)，80%AM(1 kHz)； 1 V/m(2.0～2.7 GHz)，80%AM(1 kHz)
用于具有受控电磁环境的场所的 工业机器人	1 V/m(80 MHz～1 GHz)，80%AM(1 kHz)； 1 V/m(1.4～2.0 GHz)，80%AM(1 kHz)； 1 V/m(2.0～2.7 GHz)，80%AM(1 kHz)

②工业机器人产品的工作模式要求见表 2.19。

③按工业机器人产品的应用，可采用台式或落地式的试验布置方式。

④发射天线前端距工业机器人的距离通常为 3 m。

⑤根据工业机器人的尺寸大小，决定是否使用部分照射法。

(3)试验布置。

落地式工业机器人射频电磁场辐射抗扰度试验布置示意如图 2.50 所示。图 2.50 所示的铺设吸波材料的位置应与试验计划(或作业指导)中的要求保持一致，不得随意更改位置。

(4)试验实施。

①检测试验人员按照试验计划(或作业指导)规定的试验程序开展试验。

a.试验前，工业机器人应按设定的工作模式正常运行，观察并记录其运行状态。

b.试验过程中，分别通过水平极化和垂直极化天线向工业机器人产品前、后、左、右 4 个面施加电磁能量。在此期间，观察并记录工业机器人的运行状态。

c.试验结束后，观察并记录工业机器人的运行状态。

②在试验实施中，应注意：

a.应严格按试验计划(或作业指导)中规定的地面位置铺设吸波材料。

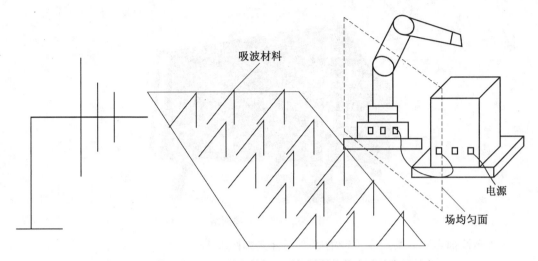

图 2.50　落地式工业机器人射频电磁场辐射抗扰度试验布置示意

b. 关注功率放大器的前向功率和反向功率,防止功率放大器烧损。

c. 辐射抗扰度的测试距离为场均匀面与天线前端的距离。

2.4.9　电快速瞬变脉冲群抗扰度试验

电快速瞬变脉冲群抗扰度试验是在工业机器人产品正常工作时,考量其抵抗电快速瞬变脉冲群干扰的能力。

1. 试验设备

(1)脉冲群发生器。

脉冲群发生器即模拟产生试验所需的电快速瞬变脉冲群的发生装置。例如某厂家生产的抗干扰信号模拟器(图 2.51),该设备可模拟产生脉冲群和浪涌信号。

图 2.51　抗干扰信号模拟器

(2)耦合设备。

①耦合去耦网络。某厂家生产的耦合去耦网络如图 2.52 所示。

图 2.52　耦合去耦网络

②容性耦合夹。某厂家生产的容性耦合夹如图 2.53 所示。

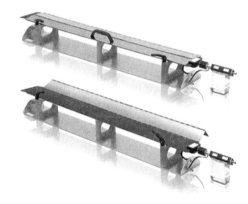

图 2.53　容性耦合夹

（3）设备使用。

脉冲群发生器的生产厂家使用说明或操作规程规定了脉冲群发生器的基本使用方法，包括试验电压等级和极性的设定、重复频率的设定和试验时间的设定等操作方式。检测试验人员可按照该设备生产厂家使用说明或设备的操作规程来使用设备。

（4）设备维护。

参见 2.4.3 节 1.（4）部分。

2.试验程序

（1）试验条件。

参见 2.4.3 节 2.（1）部分。

（2）试验要求。

①试验等级要求见表 2.21。

表 2.21　工业机器人的电快速瞬变脉冲群抗扰度试验等级要求

工作环境	试验端口类型	试验等级
用于居住、商业和轻工业环境中的工业机器人	交流电源端口(含保护接地)	± 1 kV(5/50 ns,100 kHz)
	直流电源端口(含保护接地)	± 1 kV(5/50 ns,100 kHz)
	I/O 信号和控制端口(包括功能接地端口的连接线)	± 1 kV(5/50 ns,100 kHz)
	直接与电源相连的 I/O 信号和控制端口	± 1 kV(5/50 ns,100 kHz)
用于工业环境中的工业机器人	交流电源端口(含保护接地)	± 2 kV(5/50 ns,100 kHz)
	直流电源端口(含保护接地)	± 2 kV(5/50 ns,100 kHz)
	I/O 信号和控制端口(包括功能接地端口的连接线)	± 1 kV(5/50 ns,100 kHz)
	直接与电源相连的 I/O 信号和控制端口	± 2 kV(5/50 ns,100 kHz)
用于具有受控电磁环境中的工业机器人	交流电源端口(含保护接地)	± 1 kV(5/50 ns,100 kHz)
	直流电源端口(含保护接地)	± 1 kV(5/50 ns,100 kHz)
	I/O 信号和控制端口(包括功能接地端口的连接线)	± 1 kV(5/50 ns,100 kHz)
	直接与电源相连的 I/O 信号和控制端口	± 1 kV(5/50 ns,100 kHz)

②工业机器人产品的工作模式要求见表 2.19。

③按工业机器人产品的应用,可采用台式或落地式的试验布置方式。

④脉冲群重复频率通常为 100 kHz。

⑤试验持续时间通常为 2 min。

⑥根据工业机器人的端口类型确认采用的耦合方式。通常,电源端口采用耦合去耦网络,信号端口采用耦合夹。

(3)试验布置。

检测试验人员应按试验计划(或作业指导)规定的试验布置方式和要求对工业机器人产品实施试验布置。工业机器人产品应放置在接地平面上 0.1 m 厚的绝缘支撑上。对于台式布置的工业机器人,其与耦合装置间的距离应为 $0.5_0^{+0.1}$ m。对于落地式布置的工业机器人,其与耦合装置间的距离应为 (1 ± 0.1) m。落地式工业机器人产品的电快速瞬变脉冲群试验布置要求如图 2.54 所示。

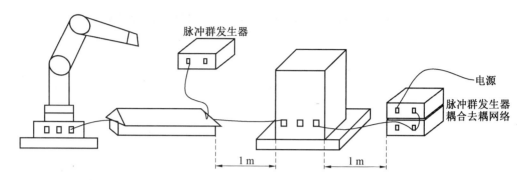

图 2.54 落地式工业机器人产品电快速瞬变脉冲群抗扰度试验布置

(4)试验实施。

①检测试验人员按照试验计划(或作业指导)规定的试验程序开展试验。

a.试验前,工业机器人应按设定的工作模式正常运行,观察并记录其运行状态。检测试验人员按照试验计划(或作业指导)中规定的验证方法对脉冲群发生器在耦合去耦网络输出端或容性耦合夹上的脉冲群信号进行验证。

b.试验过程中,脉冲群发生器通过耦合去耦网络向工业机器人的电源端口施加脉冲群信号,通过容性耦合夹向信号线缆施加脉冲群信号。在此期间,观察并记录工业机器人的运行状态。

c.试验结束后,也应观察并记录工业机器人的运行状态。

②在试验实施中,应注意:

a.使用容性耦合夹时,应尽量压平线缆,让耦合夹闭合。

b.如果工业机器人连接的线缆长度超过其与耦合装置的距离,则应捆扎超出部分的线缆。

2.4.10 浪涌(冲击)抗扰度试验

浪涌(冲击)抗扰度试验是在工业机器人产品正常工作时,考量其抵抗浪涌干扰的能力。

1.试验设备

(1)浪涌发生器。

浪涌发生器即模拟产生试验所需的浪涌波形的发生装置。图 2.51 所示的抗干扰信号模拟器可作为浪涌发生器使用。

(2)耦合设备。

耦合设备包括电源端耦合去耦网络和信号端耦合去耦网络。某厂家生产的信号端耦合去耦网络如图 2.55 所示。

(3)设备使用。

浪涌发生器的生产厂家使用说明或操作规程规定了设备的基本使用方法,包括试验电压等级和极性的设定、试验次数和试验间隔时间的设定等操作方式。检测试验人员可

图 2.55　信号端耦合去耦网络

按照该设备生产厂家使用说明或设备的操作规程来使用设备。

（4）设备维护。

参见 2.4.3 节 1.（4）部分。

2.试验程序

（1）试验条件。

参见 2.4.3 节 2.（1）部分。

（2）试验要求。

①试验等级要求见表 2.22。

表 2.22　工业机器人的浪涌（冲击）抗扰度试验等级要求

工作环境	试验端口类型	试验等级
用于居住、商业和轻工业环境中的工业机器人	交流电源端口（含保护接地）	1.2/50(8/20) μs，±2 kV（线对地），±1 kV（线对线）
	直流电源端口（含保护接地）	1.2/50(8/20) μs，±1 kV（线对地），±0.5 kV（线对线）
	I/O 信号和控制端口（包括功能接地端口的连接线）	1.2/50(8/20) μs，±1 kV（线对地）
		10/700 μs，±1 kV（线对地）
	直接与电源相连的 I/O 信号和控制端口	1.2/50(8/20) μs，±1 kV（线对地），±0.5 kV（线对线）

续表 2.22

工作环境	试验端口类型	试验等级
用于工业环境中的工业机器人	交流电源端口(含保护接地)	$1.2/50(8/20)~\mu s$，$\pm 2~kV$(线对地)，$\pm 1~kV$(线对线)
	直流电源端口(含保护接地)	
	I/O信号和控制端口(包括功能接地端口的连接线)	$1.2/50(8/20)~\mu s$，$\pm 1~kV$(线对地)
		$10/700~\mu s$，$\pm 1~kV$(线对地)
	直接与电源相连的I/O信号和控制端口	$1.2/50(8/20)~\mu s$，$\pm 2~kV$(线对地)，$\pm 1~kV$(线对线)
用于具有受控电磁环境的场所的工业机器人	交流电源端口(含保护接地)	$1.2/50(8/20)~\mu s$，$\pm 1~kV$(线对地)，$\pm 0.5~kV$(线对线)
	直流电源端口(含保护接地)	
	I/O信号和控制端口(包括功能接地端口的连接线)	$1.2/50(8/20)~\mu s$，$\pm 1~kV$(线对地)
		$10/700\mu s$，$\pm 1~kV$(线对地)
	直接与电源相连的I/O信号和控制端口	$1.2/50(8/20)\mu s$，$\pm 1~kV$(线对地)，$\pm 0.5~kV$(线对线)

②工业机器人产品的工作模式要求见表 2.19。

③按工业机器人产品的应用,可采用台式或落地式的试验布置方式。

④通常,在电源端口和信号端口均采用耦合去耦网络进行干扰信号耦合。

⑤试验脉冲施加次数通常为 5 次。对于交流电源端口,应分别在 0°、90°、180°和 270°相位施加浪涌脉冲。

⑥脉冲间隔时间通常不大于 1 min。

(3)试验布置。

检测试验人员应按试验计划(或作业指导)规定的试验布置方式和要求对工业机器人产品实施试验布置。通常,工业机器人的电源端口与耦合去耦网络之间电源电缆的长度不应超过 2 m。工业机器人产品落地式浪涌(冲击)抗扰度试验布置要求如图 2.56 所示。

(4)试验实施。

①检测试验人员按照试验计划(或作业指导)规定的试验程序开展试验。

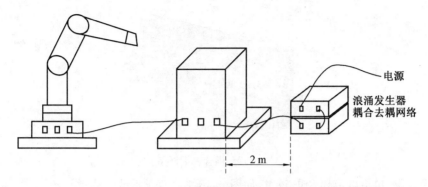

图 2.56　工业机器人产品落地式浪涌(冲击)抗扰度试验布置要求

a.试验前,工业机器人应按设定的工作模式正常运行,观察并记录其运行状态。检测试验人员按照试验计划(或作业指导)中规定验证方法对浪涌发生器在耦合去耦网络输出端的浪涌信号进行验证。

b.试验过程中,通过耦合去耦网络在工业机器人的电源端口和信号端口施加浪涌信号。在此期间,观察并记录工业机器人的运行状态。

c.试验结束后,也应观察并记录工业机器人的运行状态。

②在试验实施中,应注意:

a.浪涌试验的试验等级应从较低等级开始,逐级实施,直到达到规定的试验等级。

b.工业机器人产品与辅助设备之间的线缆应采用非感性捆扎或双线绕法布置,并放置在绝缘支架上。

2.4.11　射频场感应的传导骚扰抗扰度试验

射频场感应的传导骚扰抗扰度试验是在工业机器人产品正常工作时,考量其抵抗通过线缆传导的频率范围为 150 kHz～80 MHz 射频电磁场能量干扰的能力。

1.试验设备

(1)射频信号发生器。

射频信号发生器产生试验所需频率范围为 150 kHz～80 MHz 的射频信号,通常该射频信号需经过频率为 1 kHz、调制深度为 80% 的正弦波幅度调制。所采用的射频信号发生器如图 2.45 所示。

(2)功率放大器。

功率放大器的作用是放大射频信号,输出所需的场强信号,所采用的功率放大器如图 2.46 所示。

(3)耦合设备。

①耦合去耦网络。某厂家生产的耦合去耦网络如图 2.57 所示。

图 2.57 耦合去耦网络

②耦合钳,包括电流钳和电磁钳,如图 2.58、图 2.59 所示。

图 2.58 电流钳

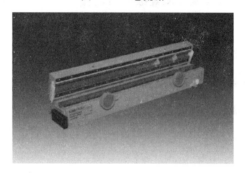

图 2.59 电磁钳

(4)设备使用。

通常,将上述设备进行系统集成,构成射频场感应的传导骚扰抗扰度测试系统,并通过软件控制该测试系统。该控制软件的操作规程规定了使用该软件控制系统中各检测试验设备的方法,包括射频信号参数的设定、功率放大器参数的设定、耦合设备的校验等,并介绍了该软件监测的信号信息。

在使用射频场感应的传导骚扰抗扰度测试系统时,应关注以下两点:

①功率放大器的前、反向功率值。如果反向功率和前向功率相等,则可能是功率放大器没有连接好,有可能全反射,请检查连接是否正确。

②注意衰减器的方向。

(5)设备维护。

参见 2.4.3 节 1.(4)部分。

2.试验程序

(1)试验条件。

参见 2.4.3 节 2.(1)部分。

(2)试验要求。

①试验等级要求见表 2.23。

表 2.23　工业机器人的射频场感应的传导骚扰抗扰度试验等级要求

工作环境	试验端口类型	试验等级
用于居住、商业和轻工业环境中的工业机器人	交流电源端口(含保护接地)	3 V(0.15～80 MHz);80% AM(1 kHz)
	直流电源端口(含保护接地)	
	I/O 信号和控制端口(包括功能接地端口的连接线)	
	直接与电源相连的 I/O 信号和控制端口	
用于工业环境中的工业机器人	交流电源端口(含保护接地)	10 V(0.15～80 MHz);80% AM(1 kHz)
	直流电源端口(含保护接地)	
	I/O 信号和控制端口(包括功能接地端口的连接线)	
	直接与电源相连的 I/O 信号和控制端口	
用于具有受控电磁环境的场所的工业机器人	交流电源端口(含保护接地)	1 V(0.15～80 MHz);80% AM(1 kHz)
	直流电源端口(含保护接地)	
	I/O 信号和控制端口(包括功能接地端口的连接线)	
	直接与电源相连的 I/O 信号和控制端口	

注:AM——幅度调制。

②工业机器人产品的工作模式要求见表 2.19。

③按工业机器人产品的应用,可采用台式或落地式的试验布置方式。

④通常,电源端口采用耦合去耦网络,信号端口采用耦合钳。

(3)试验布置。

检测试验人员应按试验计划(或作业指导)规定的试验布置方式和要求对工业机器人产品实施试验布置。工业机器人产品的传导抗扰度试验布置要求如图 2.60 所示。

(4)试验实施。

检测试验人员按照试验计划(或作业指导)规定的试验程序开展试验。

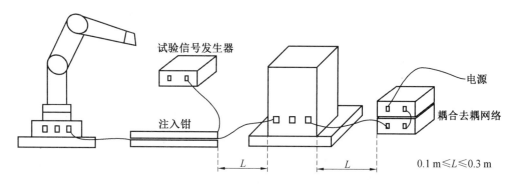

图 2.60　工业机器人产品传导抗扰度试验布置(落地式)

a.试验前,工业机器人应按设定的工作模式正常运行,观察并记录其运行状态。

b.试验过程中,通过耦合去耦网络向工业机器人的电源端施加干扰信号,通过电磁钳和电流钳向工业机器人的信号端施加干扰信号。在此期间,观察并记录工业机器人的运行状态。

c.试验结束后,观察并记录工业机器人的运行状态。

2.4.12　工频磁场抗扰度试验

工频磁场抗扰度试验是在工业机器人产品正常工作时,考量其抵抗工频磁场干扰的能力。

1.试验设备

(1)工频磁场发生器。

工频磁场发生器是工频磁场辐射的发生装置。图 2.51 所示的抗干扰信号模拟器可作为工频磁场发生器使用。

(2)感应线圈。

通常采用规格为 1 m×1 m 和 1 m×2.6 m 的感应线圈。某厂家生产的规格为 1 m×1 m 的感应线圈如图 2.61 所示。

图 2.61　规格为 1 m×1 m 的感应线圈

（3）设备使用。

工频磁场发生器的生产厂家使用说明或操作规程规定了设备的基本使用方法,包括试验电压等级的设定、试验时间的设定、感应线圈的使用方法等。检测试验人员可按照该设备生产厂家使用说明或设备的操作规程来使用设备。

（4）设备维护。

参见 2.4.3 节 1.（4）部分。

2. 试验程序

（1）试验条件。

参见 2.4.3 节 2.（1）部分。

（2）试验要求。

①试验等级要求见表 2.24。

表 2.24　工业机器人的工频磁场抗扰度试验等级要求

工作环境	试验等级
用于居住、商业和轻工业环境中的工业机器人	3 A/m
用于工业环境中的工业机器人	30 A/m

②工业机器人产品的工作模式要求见表 2.19。

③按工业机器人产品的应用,可采用台式或落地式的试验布置方式。

④试验时间通常为 5～10 min/方向。

⑤感应线圈的方向为 X,Y,Z 3 个方向。

⑥根据工业机器人的尺寸确定感应线圈的布置方法（浸入法或邻近法）。

（3）试验布置。

检测试验人员应按试验计划（或作业指导）规定的试验布置方式和要求对工业机器人产品实施试验布置。工业机器人产品的工频磁场抗扰度试验布置要求分别如图 2.62 所示。

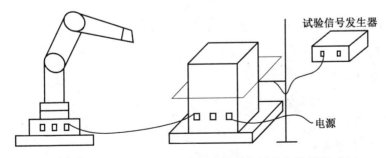

图 2.62　工业机器人产品工频磁场抗扰度试验布置（落地式）

（4）试验实施。

a. 试验前,工业机器人应按设定的工作模式正常运行,观察并记录其运行状态。

b.试验过程中,分别在 X、Y、Z 3 个方向对工业机器人产品施加干扰信号。在此期间,观察并记录工业机器人的运行状态。

c.试验结束后,观察并记录工业机器人的运行状态。

2.4.13 电压暂降和短时中断抗扰度试验

电压暂降和短时中断抗扰度试验是在工业机器人产品正常工作时,考量其抵抗电源电压暂降和短时中断干扰的能力。

1.试验设备

(1)电压暂降与中断模拟器。

电压暂降与中断模拟器可以模拟供电电压跌落,乃至短时中断。某厂家生产的电压暂降与中断模拟器如图 2.63 所示。

图 2.63 电压暂降与中断模拟器

(2)设备使用。

电压暂降与中断模拟器的生产厂家使用说明或操作规程规定了设备的基本使用方法,包括试验电压跌落幅度及跌落时相位的设定、试验次数的设定等操作方式。检测试验人员可按照该设备生产厂家使用说明或设备的操作规程来使用设备。

(3)设备维护。

参见 2.4.3 节 1.(4)部分。

2.试验程序

(1)试验条件。

参见 2.4.3 节 2.(1)部分。

(2)试验要求。

①试验等级要求见表 2.25。

表 2.25　工业机器人的电压暂降和中断抗扰度试验等级要求

工作环境	试验端口类型	试验项目	试验等级
用于居住、商业和轻工业环境中,用于处于受控电磁环境中的工业机器人	交流电源端口(含保护接地)	电压暂降	0%额定电压,0.5周期
			40%额定电压,10周期
			70%额定电压,25/30①周期
		电压中断	0%额定电压,250/300②周期
用于工业环境中的工业机器人	交流电源端口(含保护接地)	电压暂降	0%额定电压,1周期
			40%额定电压,10/12③周期
			70%额定电压,25/30①周期
		电压中断	0%额定电压,50/300②周期

注:①"25/30周期"表示 25 周期适用于额定频率为 50 Hz 的试验,30 周期适用于额定频率为 60 Hz 的试验。

②"250/300周期"表示 250 周期适用于额定频率为 50 Hz 的试验,300 周期适用于额定频率为 60 Hz 的试验。

③"10/12"周期表示 10 周期适用于额定频率为 50 Hz 的试验,12 周期适用于额定功率为 60 Hz 的试验。

②工业机器人产品的工作模式要求见表 2.19。

③按工业机器人产品的应用,可采用台式或落地式的试验布置方式。

④通常,试验次数为 3 次,最小试验时间间隔为 10 s。

⑤跌落电压相位要求同步或异步。

(3)试验布置。

该项目无特别的试验布置要求,按图 2.64 进行试验布置即可。

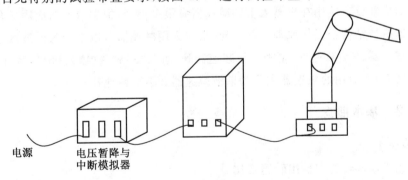

图 2.64　试验布置图

(4)试验实施。

a.试验前,工业机器人应按设定的工作模式正常运行,观察并记录其运行状态。

b.试验过程中,在工业机器人供电电源端分别模拟电压暂降和短时中断。在此期间,观察并记录工业机器人的运行状态。

c.试验结束后,观察并记录工业机器人的运行状态。

第 3 章

工业机器人关键零部件检测试验

3.1 工业机器人用减速器性检测试验

3.1.1 概述

减速器是机器人核心零部件之一,是实现机器人稳定运行、精确定位、扭矩传递等功能的重要组成部分。应用在机器人上的减速器有很多类型,根据减速器应用场合的不同,以及减速器机械结构和工作原理上的差异,机器人用减速器可以细分为谐波减速器、摆线针轮行星减速器、RV 减速器、精密行星减速器等,而在关节型机器人(例如多自由度手臂式工业机器人)上应用的减速器主要为谐波减速器和 RV 减速器。

3.1.2 基本概念

(1)传动比。

传动比指输入转速和输出转速之比。

(2)加速度转矩。

加速度转矩是减速器工作(特别是加速减速转动)时输出端的最大许用转矩。

(3)滞回曲线。

固定减速器输入端,向输出端逐渐加载至额定转矩后逐渐卸载,再反向逐渐加载至额定转矩后逐渐卸载,记录整个过程中,减速器输出端在同一时刻下对应的一组转矩、弹性扭转角,并以每一组的转矩、弹性扭转角为依据,在同一个直角坐标系下绘制"转矩-转角"曲线(横轴为转矩,纵轴为弹性扭转角),即滞回曲线,该曲线应为一条完全封闭的曲线。

(4)回差。

回差是固定减速器输入端,正反向旋转输出端至额定转矩时,两个方向上 0 转矩时输出端的转角值之差。

(5)空程。

空程是固定减速器输入端,正反向旋转输出端至额定转矩时,输出端在±3%额定转矩下的转角值之差。

(6)额定寿命。

额定寿命是减速器在额定输出转矩和额定输出转速下工作时,保持正常运转,且回差和空程的增加量小于标称值的累积运行时间。

(7)扭转刚度。

扭转刚度是固定减速器输入端,输出端承受的转矩与相应的弹性扭转角之比。

(8)弯曲刚度。

弯曲刚度是输出端承受的弯矩与输出端轴线的弹性偏转角之比。

(9)传动误差。

传动误差是输入轴单向旋转时,输出轴的实际转角与理论转角之差。

(10)许用弯矩载荷。

许用弯矩载荷是减速器承受的径向载荷和偏心轴向载荷的力矩矢量和的最大值。

(11)瞬时最大允许转矩。

瞬时最大允许转矩是受到意外冲击时,输出端承受的瞬时最大转矩的允许值。

(12)瞬时加速转矩。

瞬时加速转矩是减速器允许承受的瞬时最大转矩值。

(13)空载摩擦转矩。

空载摩擦转矩是输出端无负载,驱动输入端,不同稳定转速下的输入转矩,也可按传动比换算到输出端的转矩,并绘制"转速-转矩"曲线。

(14)启停允许转矩。

启停允许转矩是在正常启动或停止过程中,输出端被允许的最大负载(含惯性)转矩。

(15)启动转矩。

启动转矩是输出端无负载,缓慢扭转输入端至输出端启动瞬间所需的转矩。

(16)反向启动转矩。

反向启动转矩是输入端无负载,缓慢扭转输出端至输入端启动瞬间所需的转矩。

(17)背隙。

背隙是将输出端与减速器壳体均固定,在输入端施加±2%额定转矩,顺时针和逆时针方向旋转时,减速器输入端产生的一个微小角位移。

3.1.3 试验设备

1.试验设备类型

减速器测试台是完成各类减速器测试项目所必需的关键试验设备。根据减速器测试项目的不同分类,减速器测试台可以有如下一些结构形式。

(1)性能试验测试台。

性能试验测试台应具备动态加载和卸载功能,且在加载和卸载过程中,确保转矩和转速稳定,转矩和转速测试精度应不低于1%。

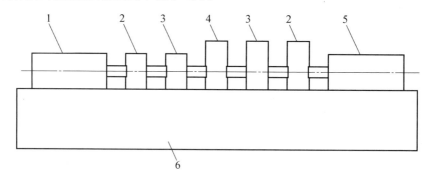

图 3.1 减速器性能试验测试台结构示意图

1—驱动单元;2—转矩转速传感器;3—角度编码器;4—样件及安装支架;5—负载单元;6—床身

完整的减速器性能试验测试台结构如图 3.1 所示,其中包含以下单元:

①床身。

床身通常情况下为整体铸造或由多块钢板焊接而成,加工完成后消除内应力,床身是测试台全部组成单元、样件及安装支架的载体,应具备一定的整体刚度及抗变形能力。

②驱动/负载单元。

采用永磁同步伺服电机作为驱动/负载单元,有利于在进行连续动态加载或卸载的过程中,避免测试系统出现振动冲击,从而保证各个测试环节的稳定输出。

③转矩转速传感器。

转矩转速传感器用于实时采集测试过程中的转矩和转速数据,通常情况下,转矩及转速信号均为频率信号,这样可以有效减少外界因素对传感器信号的干扰,确保采集数据的准确性。

④角度编码器。

角度编码器用于实时采集测试过程中的转角数据,通常情况下,角度数据由工控机通过高速数据采集卡进行采集。

⑤样件及安装支架。

安装支架是被测减速器样件的安装载体,实际测试之前,需要根据样件及支架的机械接口尺寸,设计必要的辅助测试工装,借助测试工装将被测减速器样机安装在支架上,减速器的输入及输出两端分别通过联轴器与测试传感器相连接。测试不同样件,只需设计更换相应测试工装即可,无须设计加工或拆卸安装支架。

（2）精度试验测试台。

精度试验测试台的各运动部件应运转平稳、灵活、灵敏,无明显阻滞现象,同时为保证最终的测量精度,在设计测试工装以及在测试台上进行测试样件装配时,应充分考虑工装拆卸及定位的便利性,确保样件和测试台之间的平面度、垂直度、同轴度等具备可调整性。

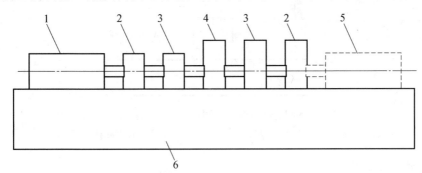

图 3.2　减速器精度试验测试台结构示意图

1—驱动单元;2—转矩转速传感器;3—角度编码器;4—样件及安装支架;

5—负载单元(可选);6—床身

减速器精度试验测试台的结构(图 3.2)与性能试验测试台相似,区别是性能试验测试台的负载单元是必需的配置,而精度试验测试台的负载单元属于选配,也就是说减速器的精度试验可以在空载和负载两种工况下完成,具体可视客户约定或标准要求而定。

（3）寿命试验测试台。

寿命试验测试台应具备自定义测试工况程序功能,可根据测试需要实现自由加载、连续同向加载、往复摆动加载、超载等功能。

减速器寿命试验测试台有卧式(图 3.3)和立式(图 3.4)之分,通常情况下,建议选择立式寿命试验测试台进行试验。

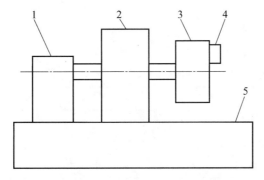

图 3.3　减速器寿命试验测试台(卧式)结构示意图

1—驱动单元;2—样件及安装支架;3—惯性负载;4—加速度传感器;5—床身

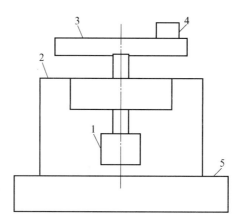

图 3.4　减速器寿命试验测试台(立式)结构示意图

1—驱动单元;2—样件及安装支架;3—惯性负载;4—加速度传感器;5—床身

2. 减速器测试台的应用

根据各类型减速器测试台的特点,选用合适类型的减速器测试台开展试验。减速器测试台的选用可参考表3.1。

表 3.1　减速器测试台的选用

序号	检测项目分类	性能试验测试台	精度试验测试台	寿命试验测试台
1	空载试验	√	—	√
2	空载摩擦转矩试验	√	—	—
3	负载试验	√	—	—
4	超载试验	√	—	—
5	传动效率试验	√	—	—
6	滞回曲线试验	√	—	—
7	回差试验	√	—	—
8	空程试验	√	—	—
9	扭转刚度试验	√	—	—
10	弯曲刚度试验	√	—	—
11	传动误差试验	—	√	—
12	额定寿命试验	—	—	√
13	许用弯矩载荷试验	√	—	—
14	允许启停转矩试验	√	—	—
15	启动转矩试验	√	√	—
16	反向启动转矩试验	√	√	—
17	壳体最高温度试验	√	—	—

注:√表示必须采用;—表示不适用。

3. 维护及保养

正确操作和定期维护保养是设备管理的关键,对减少机械磨损、节约能耗、保证机械正常运转、延长使用寿命都有重要的意义。减速器测试台的保养通常包括例行保养、定期保养两类。

(1)例行保养(每班进行保养)。

例行保养属于日常性作业,由设备操作人员每班工作前及工作后进行。例行保养的内容一般包括对设备的表面清洁、紧固、润滑,视检各类指示灯及电气元件工作状态,整理现场,清点工装及工具等,最后填写好交接班记录。

(2)定期保养。

定期保养具体可分为一级保养、二级保养。

①一级保养。

一级保养以维修工为主,操作工为辅。按计划对设备部分机械结构拆卸、检查及调整;对内外部进行彻底清扫、擦拭;紧固电机、传感器、电气元件等电气线路;检查、调节各指示仪表与安全防护装置;最后做好保养记录。

设备经一级保养后要求达到:内外清洁、明亮;操作灵活,运转正常;安全防护、指示仪表齐全、可靠。

②二级保养。

二级保养要在完成一级保养的基础上进行,以维修工为主,操作工配合完成。保养内容主要是:对设备易损零部件的修复或更换,检测工装的测绘及误差评估,旋转部件同轴度、端面跳动等检测及调整;全面清洗润滑部位,结合换油周期检查润滑油质,进行清洗换油;更换老化电气线路,更换坏损电气元件、电气开关机传感器等,保养结束后做好保养记录。

设备经二级保养后要求达到:精度和性能满足工艺要求;无漏油、漏电现象;设备空载及负载运行时的声响、震动、温升等符合设备出厂时的技术要求。

3.1.4　检测项目及检测方法

1. 减速器的机械安装及调整

试验实施前,应对减速器与测试台进行机械安装。

(1)通常,该机械安装过程如下。

①将被测减速器与辅助测试工装进行部装,装配过程中应时刻注意调整装配精度,确保装配好的部件运转自如,无明显卡滞、异响等现象。

②将装配好的部件整体安装到测试台的样品支架上。

③连接测试台驱动端与被测减速器输入端,装配精度应满足试验的要求。

④连接测试台负载端与被测减速器输出端,装配精度应满足试验的要求。

⑤整个安装及调整过程可利用水平尺、百分表、千分表或激光对中仪等仪器仪表来辅

助完成。

(2)将被测减速器样品安装到测试台后,可以采取以下方法对机械装配效果进行确认。

①用手握住输入轴,用力左右晃动,应无明显装配间隙。

②启动减速器测试台,让驱动电机以缓慢转速驱动被测减速器空转,确保无异响、卡滞、渗油等情况。

③在负载端加上适当的载荷,让被测减速器带载短暂运行(通常运行数分钟),确保无异响、卡滞、渗油等情况。

④上述试运行均正常,则可认为机械装配适合,可以开始正式试验。

2. 空载试验

(1)减速器输出端空载状态下,减速器从输入端启动。

(2)减速器在额定输出转速下,正方向运转 30 min。

(3)减速器在额定输出转速下,反方向运转 30 min。

(4)记录减速器试验前、试验过程中和试验结束后的运行状态。

3. 空载摩擦转矩

(1)减速器输出端空载状态下,减速器从输入端启动。

(2)按试验计划(或作业指导)的要求,在不同转速下稳定运转,实时采集试验件输入转速及转矩。

(3)绘制减速器的转速—转矩曲线。

4. 负载试验

该项试验应在确保试验过程中被测减速器壳体温度不超过 60 ℃的条件下进行。

(1)减速器以一定输出转速(首选额定输出转速)正向运行。

(2)测试台负载端逐级施加 25%、50%、75%和 100%额定负载,前 3 阶段每一级的运转时间均为 20 min,100%额定负载运行 2 h。

(3)正向运行结束后,减速器再以一定转速(首选额定输出转速)反向运行,并重复上述步骤(2)的过程。

(4)记录减速器试验前、试验过程中和试验结束后的运行状态。

5. 超载试验

(1)减速器以一定输出转速(首选额定输出转速)正向运行。

(2)测试台负载端在 5 s 内逐渐将负载提升至瞬时加速转矩,持续 5 s 后在 5 s 内逐渐卸载。

(3)正向运行结束后,减速器以一定输出转速(首选额定输出转速)反向运行,并重复上述步骤(2)的过程。

(4)记录减速器试验前、试验过程中和试验结束后的运行状态。

6. 传动效率

(1)传动效率测试应在负载试验结束后进行。

(2)减速器冷却至室温(23±5)℃后,在额定输出转速和额定输出转矩条件下运转。

(3)读取并记录减速器输入端和输出端扭矩传感器数据。在输出端旋转一周内,应均匀地采集至少5组数据。

7. 滞回曲线试验

(1)固定减速器外壳及输入端,将减速器输出端与测试台负载装置连接。

(2)测试台负载装置向减速器输出端缓慢加载至正向额定转矩后卸载。

(3)测试台负载装置向减速器输出端缓慢加载至反向额定转矩后卸载。

(4)记录整个试验过程减速器输出端的转矩及对应的扭转角值,绘制以转矩为横坐标,扭转角为纵坐标的滞回曲线,如图 3.5 所示。

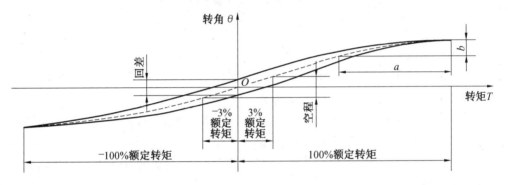

图 3.5　滞回曲线示意图

8. 回差

回差的数值在滞回曲线试验中得出,为滞回曲线中转矩为 0 时扭转角之差值,如图 3.5 所示。

9. 空程

空程的数值在滞回曲线试验中得出,为滞回曲线中转矩为±3‰额定扭矩时对应的扭转角之差值,如图 3.5 所示。

10. 扭转刚度

扭转刚度值在滞回曲线试验中得出,为滞回曲线中 a/b 之比值,如图 3.5 所示。其中 $a=$ 额定转矩/2,$b=$ 从 1/2 额定转矩到额定转矩的扭转角增量。

11. 弯曲刚度

(1)将减速器样件固定在测试台上,向其输出端施加互相垂直的径向负载力 W_1 和轴向负载力 W_2,如图 3.6 所示。

(2)逐步增加负载力 W_1、W_2 至样件的允许弯矩,记录 θ、W_1、W_2 的值。

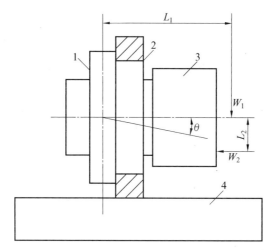

图 3.6　弯曲刚度试验示意图

1—试验件;2—样件安装支架;3—样件输出端;4—床身

12. 传动误差

(1)减速器在输出转速不大于 5 r/min 和空载下正向运行。待输入端转速稳定(转速波动不大于 1 r/min)后,开始采集角度传感器信号,同步记录输入、输出端转角值。

(2)在输出端转动一周范围内,计算减速器每一采样时刻的传动误差,以输出端转角为横坐标,以传动误差值为纵坐标,绘制传动误差曲线。

(3)传动误差曲线上最大轮廓峰高与最大轮廓谷深之差的绝对值,即为减速器输出端正向旋转时的传动误差。

(4)减速器在输出转速不大于 5 r/min 和空载下反向运行。按照上述步骤(1)(2)(3)描述的试验方法和试验条件,获得减速器输出端反向旋转时的传动误差。

(5)取被测减速器输出端正反两个方向传动误差的最大值,即为被测减速器的传动误差。

13. 额定寿命

(1)试验前应将减速器正确地安装到测试台上,并按照减速器说明书的要求加注指定规格及型号的润滑脂。

(2)试验前的试运行过程中,减速器应运行平稳,不得出现结合处漏油、气孔溢油、产生异常声响等现象。

(3)对减速器输出端施加加速减速允许转矩,减速器转速从 0 开始逐渐提高至某一转速并保持该转速运行。此过程实时测量减速器针齿壳的温度应不超过 60 ℃。

(4)在(3)的试验条件下,减速器应在试验计划(或作业指导)规定的试验时间内稳定运行、无异常现象。允许寿命试验时间为累积时间。

(5)试验结束后,测量减速器的回差和空程并记录。

14. 启停允许转矩

(1)将减速器正确安装至测试台上,将测试台驱动装置与减速器输入端相连接,将测试台负载装置与减速器输出端相连接。

(2)将测试台负载装置的输出值调整为被测减速器的额定转矩。

(3)测试台驱动减速器带负载启动。

(4)读取并记录减速器启动期间的转矩值,并绘制时间—转矩曲线。该曲线的峰值即为启停允许转矩。

15. 启动转矩

(1)将被测减速器正确安装至测试台上,同时将测试台驱动装置与减速器输入端相连接,减速器输出端无负载。

(2)测试台驱动装置从被测减速器输入端缓慢驱动减速器运行,直至其输出端启动为止。

(3)实时采集此过程中减速器输入端的转矩,该转矩的最大值即为启动转矩。

16. 反向启动转矩

(1)将被测减速器正确安装至测试台上,同时将测试台负载装置与减速器输出端相连接,减速器输入端无负载。

(2)测试台负载装置从减速器输出端缓慢驱动减速器运行,直至其输入端启动为止。

(3)实时采集此过程中减速器输出端的转矩,该转矩的最大值即为反向启动转矩。

17. 壳体最高温度

(1)将减速器正确安装至测试台上,同时将测试台驱动装置、负载装置依次与减速器输入、输出端相连接。

(2)测试台驱动减速器在额定转速、额定转矩下运行。

(3)每隔 10 min 记录壳体温度数值。

(4)当连续 30 min 内温差小于 ±1 ℃时,此时的壳体温度即为壳体最高温度。

3.2　工业机器人伺服电动机检测试验

3.2.1　基本概念

(1)交流伺服电动机。

交流伺服电动机是指应用于运动控制系统中采用交流电动机结构,能控制位置、速度、加速度或转矩(力矩)的电动机。

(2)工作区。

电动机的工作区用转矩和转速组成的二维平面坐标表示,如图 3.7 所示。

工作区包括连续工作区和断续工作区。在电动机不超过规定值即允许温升的条件下,电动机能长期工作的区域称为连续工作区(图 3.7)。连续工作区指电动机的发热、受离心力影响的机械强度、换向及电动机电气极限工作条件限制的范围。在连续工作区之外允许电动机短期运行(如短时过载运行)的区域称为断续工作区(图 3.7 阴影部分)。

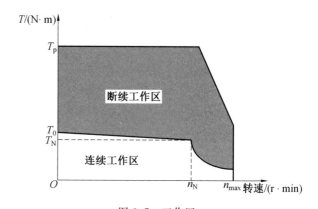

图 3.7 工作区

T_p—最大堵转转矩;n_{max}—最高允许转速;n_N—额定转速;
T_0—连续堵转转矩;T_N—额定转矩

(3)额定功率。

额定功率是指在连续工作区内,电动机连续输出的最大功率。

(4)额定转速。

额定转速是指在连续工作区内,电动机在额定转矩下运行时允许的最高转速。

(5)额定转矩。

额定转矩是指在连续工作区内,电动机输出额定功率时对应额定转速下的转矩。

(6)最大堵转转矩。

最大堵转转矩是指电动机超出连续工作区,允许短时输出的最大转矩。

(7)最高允许转速。

最高允许转速是指在断续工作区内,在保证电机耐电压强度和机械强度条件下,电动机允许的最大设计转速。

(8)连续堵转转矩。

连续堵转转矩是指在连续区内,电动机堵转时(即电动机为零速时)所能输出的最大连续转矩。

(9)反电动势常数。

反电动势常数是指在规定条件下,电动机绕组开路时,单位转速在电枢绕组中产生的线感应电动势值。

(10)定子电感。

定子电感是指电动机静止时的定子绕组两端的电感。

(11)转矩波动率。

转矩波动率是指在规定条件下,电动机一转内输出转矩的变化。通常表示为转矩变化的峰峰值的 1/2 与平均转矩之比。计算公式为

$$K_{Tb} = \frac{T_{max} - T_{min}}{T_{max} + T_{min}} \times 100\% \qquad (3.1)$$

(12)定位转矩。

定位转矩是指电动机在不通电时,在转轴上施加转矩而又不会引起转动的最大转矩值。

3.2.2　试验条件与检验规则

1.正常试验的大气条件

所有试验如无特殊规定,电动机均应在下列气候环境条件下进行:

(1)环境温度:15~35 ℃。

(2)相对湿度:45%~75%。

(3)大气压强:86~106 kPa。

2.试验用的交流伺服驱动单元

试验采用与电动机相适应的交流伺服驱动单元。

3.测量设备及仪器精度要求

按照作业指导书及设备操作规程选择测试设备及仪器。试验时,各仪表读数同时读取。

3.2.3　试验设备

1.通用仪器

通用仪器主要包括绝缘电阻测试仪、微欧计、耐电压测试仪、接地电阻测试仪等。伺服电机测试常规仪器实物图如图 3.8 所示。

(a) 绝缘电阻测试仪

(b) 微欧计

(c) 耐电压测试仪

(d) 接地电阻测试仪

图 3.8　伺服电机测试常规仪器实物图

2. 伺服电机综合测试台

伺服电机综合测试台主要实现对伺服电动机的电压、电流、转矩、转速等参数的测量。伺服电机测试台一般由控制台、性能测试台架组成,如图3.9所示。

(a) 控制台　　　　　　　　　　　　　　　　(b) 性能测试台架

图 3.9　伺服电机综合测试台

3.2.4　检测项目与检测方法

1. 绝缘电阻

(1)试验要求。

电动机在正常试验、高温试验、极限低温试验及交变湿热试验后都应具有足够的绝缘电阻值,其绝缘电阻值要求如下:

①电动机在正常试验条件及极限低温试验条件下,各绕组对机壳及各绕组之间的绝缘电阻值不应小于 50 MΩ。

②电动机在相应的高温条件下,绝缘电阻值不应小于 10 MΩ。

③电动机在交变湿热试验后(试验结束后放置 2 h 后),其绝缘电阻值不应小于 1 MΩ。

④绝缘电阻测试仪的电压要求见表3.2。

表 3.2　绝缘电阻测试仪的电压要求　　　　　　　　　　　　　V

直流母线电压	绝缘电阻测试仪的电压
≤24	250
24～36	500
36～115	750
115～250	1 000
250～500	1 500
>500	2 500

(2)试验实施。

①按表 3.2 的要求选用合适的绝缘电阻测试仪。

②测量电动机各绕组对机壳的绝缘电阻并记录。

③测量电动机各绕组间的绝缘电阻并记录。

④测量传感器对电动机绕组的绝缘电阻并记录。

⑤测量制动器对电动机绕组的绝缘电阻值并记录。

2. 耐电压(绝缘介电强度)

(1)试验要求。

电动机各绕组对机壳之间、制动器对机壳及传感器电源线对机壳应能承受表 3.3 规定的耐电压(绝缘介电强度)的试验电压,试验时应无绝缘击穿、飞弧、闪络现象产生,耐电压试验时间为 1 min,且试验时漏电流有效值应符合表 3.4 的要求。

表 3.3 耐电压的试验电压   V

直流母线电压	试验电压(有效值)
≤24	300
24~36	500
36~115	1 000
115~250	1 500
>250	$1\ 500 + 2U_N$ ①

注:① U_N——电动机的额定电压。

表 3.4 耐电压试验时漏电流的有效值

额定功率/kW	漏电流(有效值)/mA
≤5	≤5
5~10	≤10
>10	≤15

(2)试验实施。

①按照表 3.3 的规定对电动机施加试验电压。

②电压值应从低于规定试验电压的 50% 开始施加,然后均匀地或以每步不超过试验电压的 5% 逐步增加至 100% 试验电压,该试验电压上升过程时间不应少于 10 s。

③100% 试验电压的施加时间为 1 min。

④整个试验过程中电压峰值不应超过规定有效值的 1.5 倍,监视故障指示器,以判定电动机有无击穿放电,并监视漏电流值(必要时,记录漏电流值)。

⑤试验结束时,应逐渐降低试验电压至零。

⑥试验结束后,应立即测量绝缘电阻并记录。

⑦重复进行耐电压试验时,试验电压为规定值的 80%。

3. 保护联结（保护接地）

（1）试验要求。

电动机机壳及所有可导电部分与保护联结装置之间应具有牢固、可靠及良好的电气连接，同时满足要求如下：

①插接件的金属壳应连接到保护联结装置上。

②保护联结电路只有在通电导线全部断开之后才能断开。

③保护联结电路连续性的重新建立应在所有通电导线重新接通之前。

④保护联结线截面积应至少有与同规格电动机相线的截面积。

⑤保护联结电路的连续性及保护接地电阻不大于 0.1 Ω。

（2）试验实施。

①对电动机保护联结及其装置进行视检。

②使用保护联结连续性测试仪对电动机机壳及所有可导电部分与保护联结装置之间进行测量并记录。

4. 定子绕组电阻

（1）试验要求。

电动机定子绕组的直流线电阻应符合具体规格电动机的专用技术标准或设计要求。

（2）试验实施。

①电动机在常温下保持 3 h 以上。

②用测试仪器测量并记录定子绕组电阻。

③折算到 20 ℃的定子绕组电阻。

5. 旋转方向

（1）试验要求。

电动机的旋转方向应为双向可逆旋转；按设计规定的接线标识，即 U 相（棕色）、V 相（红色）、W 相（蓝色）接线；从安装配合面的电动机传动轴的轴伸端面视之，电动机传动轴的逆时针旋转方向规定为电动机旋转的正方向。

（2）试验实施。

①按照电动机 U 相、V 相、W 相接线并通电。

②伺服驱动单元给定指令为正向，电动机旋转。

③从安装配合面的电动机传动轴的轴伸端面，观察电动机的旋转方向并记录。

6. 空载电流

（1）试验要求。

电动机在额定转速下空载运行，其空载电流应符合具体规格的电动机专用技术标准（或设计要求）。

（2）试验实施。

①将电动机安装在测试台上，电动机在额定转速下空载运行。

②用电流测试装置测量电动机定子绕组上的空载电流并记录。

7. 温升

（1）试验要求。

电动机的温升一般是通过绕组电阻的变化进行测量的。

在连续工作区连续工作时，热分级 F 级绝缘结构绕组的温升不应超过 105 K，热分级 A 级绝缘结构绕组的温升不应超过 60 K，热分级 E 级绝缘结构绕组的温升不应超过 75 K，热分级 B 级绝缘结构绕组的温升不应超过 80 K，热分级 H 级绝缘结构绕组的温升不应超过 125 K。电动机温升不应影响内部位置反馈元器件的正常工作。

（2）试验实施。

电动机的温升试验采用电阻法。

①将电动机固定在测试台上，与驱动单元组成伺服装置。

②试验环境不受外界辐射和气流影响。电动机的安装面应尽可能远离热传导表面和通风装置以及其他附加的降温装置。

③电动机不通电，达到稳定温度后测取冷态时定子绕组电阻 R_1 并记录，记录此时的室温 t_1。

④电动机以额定功率运行至稳定工作温度后，电动机停止运行。

⑤应在电动机停止运行后 30 s 内，测取定子绕组电阻 R_2 并记录，记录此时的室温 t_2。

⑥铜质绕组的温升计算式为

$$\theta = \frac{R_2 - R_1}{R_1} \times (235 - t_1) + (t_1 - t_2) \tag{3.2}$$

式中　θ——电动机的温升（K）；

　　　R_2——热试验结束温度为 t_2 时的定子绕组电阻（Ω）；

　　　R_1——温度为 t_1（冷态）时的定子绕组电阻（Ω）；

　　　t_1——测量绕组（冷态）初始电阻 R_1 时的温度（室温）（℃）；

　　　t_2——温升试验结束时的温度（室温）（℃）。

8. 反电动势常数

（1）试验要求。

电动机的反电动势常数应符合具体规格的电动机专用技术标准（或设计要求），仅在型式试验中进行。

（2）试验实施。

①将电动机安装在测试台上，电动机不通电。

②测试台机械拖动电动机在 1 000 r/min 的转速下运行。

③测取电动机电源端的线反电动势 E。

④反电动势常数 k_e 计算式为

$$k_e = \frac{E}{1\,000} \tag{3.3}$$

式中　k_e——反电动势常数（V/(r·min^{-1})）；

　　　E——电动机的线反电动势(V)。

9. 定位转矩

（1）试验要求。

电动机的定位转矩应符合具体规格的电动机专用技术标准（或设计要求），仅在型式试验中进行。

（2）试验实施。

①将电动机固定在测试台上，电动机不通电。

②在电动机轴上选取 5 个等分点。

③在每个等分点，通过测试台对电机转轴施加正向的转矩，记录即将转动而又不会连续转动时的转矩值。在每个等分点试验 3 次。

④在每个等分点，通过测试台对电机转轴施加反向的转矩，记录即将转动而又不会连续转动时的转矩值。在每个等分点试验 3 次。

⑤记录的转矩值的最大值即为电动机的定位转矩。

10. 额定转矩

（1）试验要求。

电动机在连续工作区内，电动机输出额定功率时的额定转矩应符合具体规格电动机专用标准（或设计要求）。电动机温升不应影响内部位置反馈元件的正常工作。

（2）试验实施。

①将电动机固定在测试台上，由伺服控制单元驱动电动机运行。

②试验环境应不受外界辐射和气流影响。

③测试台驱动电动机以额定转速运行，然后在电动机的输出端逐渐增加负载。

④在电动机温升满足要求的前提下，测量电动机在额定转速下的最大转矩并记录。

11. 额定功率

（1）试验要求。

电动机在连续工作区内，电动机输出额定功率应符合具体规格电动机专用标准（或设计要求）。电动机温升不应影响内部位置反馈元件的正常工作。

（2）试验实施。

①将电动机固定在测试台上，由伺服控制单元驱动电动机运行。

②试验环境应不受外界辐射和气流影响。

③电动机在额定转速和额定转矩下运行。

④在电动机温升满足要求的前提下，测量电动机的输出功率值并记录。

12. 额定电压

(1)试验要求。

电动机在连续工作区内,对应于额定功率时的额定电压(即电动机输入电压,也是驱动单元的输出电压)应符合具体规格电动机专用标准(或设计要求)。

(2)试验实施。

①将电动机固定在测试台上,由伺服控制单元驱动电动机运行。

②试验环境应不受外界辐射和气流影响。

③电动机在额定转速和额定转矩下运行。

④在电动机温升满足要求的前提下,测量电动机的输入电压并记录。

13. 额定转速

(1)试验要求。

电动机在连续工作区内,在额定转矩和额定功率下正向、反向运行,其额定转速应符合具体规格电动机专用技术标准(或设计要求)。

(2)试验实施。

①将电动机固定在测试台上,由伺服控制单元驱动电动机运行。

②试验环境应不受外界辐射和气流影响。

③测试台驱动电动机以额定转速运行,然后在电动机的输出端逐渐增加负载。

④在电动机温升满足要求的前提下,测量电动机的转速值并记录。

14. 最高允许转速

(1)试验要求。

电动机在断续工作区的最高允许转速应符合具体规格电动机专用技术标准(或设计要求)。

(2)试验实施。

①将电动机固定在测试台上,由伺服控制单元驱动电动机运行。

②测试台驱动电动机以最高转速运行,然后在电动机的输出端逐渐增加负载至最高转速下运行的最大转矩值。

③在电动机温升满足要求的前提下,测量电动机的转速值并记录。

15. 最大堵转转矩

(1)试验要求。

电动机的最大堵转转矩应符合具体规格电动机专用技术标准(或设计要求)。

(2)试验实施。

①将电动机固定在测试台上,由伺服控制单元驱动电动机运行。

②在图 3.7 所示的断续工作区,通过测试台对电动机施加最大堵转转矩,使电动机处于堵转状态(或以某一设定低速运行),并在最大堵转转矩下运行 5 s。

③测量电动机的绝缘电阻和反电动势常数并记录。

16. 连续堵转转矩（零速转矩）

（1）试验要求。

电动机的零速转矩应符合具体规格电动机专用技术标准（或设计要求）。

（2）试验实施。

①将电动机固定在测试台上，由伺服控制单元驱动电动机运行。

②试验环境应不受外界辐射和气流影响。

③对电动机施加连续堵转转矩，使电动机在堵转状态下运行，测量电动机的温升并记录。

17. 连续堵转电流

（1）试验要求。

电动机的连续堵转电流应符合具体规格电动机专用技术标准（或设计要求）。

（2）试验实施。

①将电动机固定在测试台上，由伺服控制单元驱动电动机运行。

②试验环境应不受外界辐射和气流影响。

③电动机在连续堵转状态下施加零速转矩运行。

④电动机达到稳定温升后，测量电动机连续堵转的电流并记录。

18. 工作区

（1）试验要求。

电动机的工作区由连续工作区和断续工作区组成，具体规格电动机的工作区应符合其专用技术标准（或设计要求）。

（2）试验实施。

①将电动机固定在测试台上，由伺服控制单元驱动电动机运行。

②试验环境应不受外界辐射和气流影响。

③连续工作区试验：

a. 电动机以零速 n_0 运行，即电机堵转，测试台对电动机施加对应的最大负载转矩，测量电动机温升并记录。

b. 电动机以恒转矩输出转速范围内的最高转速 n_N（或 $0.75 n_{max}$）运行，测试台对电动机施加对应的最大负载转矩，测量电动机温升并记录。

c. 电动机以最高转速 n_{max} 运行，测试台对电动机施加对应的最大负载转矩，测量电动机温升并记录。

④断续工作区试验：

a. 电动机按设计规定的短时工作时间和短时允许的过载倍数工作。

b. 电动机以转速 n_0 运行，测量电动机温升并记录。

c. 电动机以转速 n_{max} 运行，测量电动机温升并记录。

19. 转矩波动率

(1)试验要求。

电动机的转矩波动率应小于等于规定的限值(限值一般为 3%～7%),具体规格电动机的转矩波动率由其专用技术标准(或设计)规定。

(2)试验实施。

①在稳定工作温度下,将电动机固定在测试台上,由伺服控制单元驱动电动机运行。

②伺服控制单元开环控制电动机电流。电动机以 1/2 连续堵转电流及 10%最高允许转速稳定运行。

③对电动机施加连续工作区中规定的该转速下允许的最大转矩。

④实时测量并记录电动机转动一周过程中电动机的输出转矩。

⑤获得最大转矩 T_{max} 和最小转矩 T_{min},按照式(3.1)计算转矩波动率。

20. 超速运行

(1)试验要求。

电动机应承受最高允许转速的 120%的空载超速运行,运行时间为 2 min。空载超速运行试验后,电动机转子不应发生影响性能的有害变形。

(2)试验实施。

①将电动机固定在测试台上,电动机空载运行。

②测试台拖动电动机,使电动机转速升至最高允许转速的 120%。运行时间不少于 2 min。

③试验后,观察并记录电动机转子的状态。

21. 寿命

(1)试验要求。

电动机应能承受 3 000 h 的寿命试验。"寿命"含义为"由制造厂保证电动机的最低限度无故障持续工作期限"。试验后检查电动机的额定转速及额定转矩,其值应分别符合电动机额定转速和额定转矩的要求。

(2)试验实施。

①电动机安装在测试台上。

②电动机以 1/2 额定转速和 1/2 额定功率,按表 3.5 电动机寿命试验参数进行试验。

③在每一安装位置,电动机的正向、反向运行时间为 1/2 试验时间。

④试验后,对电动机的额定转速及额定转矩进行检测并记录。

表 3.5　电动机寿命试验参数

机座号	安装位置	试验时间分配/h
≤130	向上、向下、水平	向上、向下、水平各 1 000
>130	水平	3 000

第 4 章

试验记录

4.1 概　　述

　　试验记录是试验现场填写的第一手记录,是在试验过程中直接产生,而不是事后撰写的记录,包括由试验设备直接打印出的数据、图表,是对试验过程中实现试验的关键步骤、环节、结果的客观记录。试验记录对于数据的真实性、准确性和可溯源性具有重要意义,在试验活动中必须真实、完整、清晰地记录试验过程的各个环节,确保试验记录的科学性、规范性、可追溯性和保密性。

4.2 试验记录的要求

4.2.1 试验记录的原则

　　在试验记录过程中应遵循原始性、可操作性、真实性、有效性、可溯源性和完整性的原则。

　　(1)原始性。

　　试验记录应体现试验过程的原始性。试验记录是试验现场填写的第一手记录,应在观察结果和数据产生时予以记录,不得事后追记、另行整理、誊抄或修正。

（2）可操作性。

试验记录模板的制定过程中应保证试验记录的可操作性,例如,可以根据检测项目的特点,按照检测流程顺序或标准条款顺序依次安排各个检测项目的位置顺序;使用规范性语句、简单易用/尺寸合适的数据表格等。

（3）真实性。

试验记录的数据必须真实无误地反映测量仪器的输出,包括数值、有效位数、单位。必要时还需要记录测量仪器的不确定度。

（4）有效性。

应确保当前使用的试验记录版本是现行有效的。

（5）可溯源性。

试验记录应包括测试中各种信息,例如测试环境信息、测试日期、测试条件、使用仪器信息、仪器设置等,以便在需要时识别不确定度的影响因素,并确保该试验在尽可能接近原条件的情况下能够重复。

（6）完整性。

试验记录的内容是测试报告的重要来源。为了方便测试报告的生成,试验记录内容应完整地体现检测依据、检测项目、检测方法、检测数据和必要的过程数据。

4.2.2　试验记录的基本要素

为确保试验记录的完整性与可溯源性,试验记录内容通常应包括但不限于以下信息。

1.试验任务信息

试验任务信息包括编号、检测标准/方法和检测项目/参数。

（1）编号。

试验记录中应注明每项试验任务的编号,试验编号应具有唯一性。当试验任务需要出具报告时,记录中应体现报告编号,报告编号应与试验记录编号唯一对应。

（2）检测标准/方法。

试验记录中应写明检测依据的来源,可以是现行标准、指定的标准(非现行标准、行业标准、企业标准等)、自主制定的测试方法等。试验记录中应注明检测依据标准的标准号和版本号。当检测中有特殊的、与标准相偏离的要求时,应在检测依据栏或试验记录相关位置进行描述。

（3）试验项目/参数。

试验项目是检测标准/方法的全部内容时,可注明"全部项目或全部参数",不必全部列出;检测项目是检测标准/方法的部分内容时,应在试验记录中明确本次试验涉及的项目条款号或名称。

2.样品信息

样品信息包括样品名称、样品型号规格、样品数量、样品编号,另外还可以包括样品送检单位、样品初始状态、样品附属件等。

（1）样品名称。

记录中应写明能正确识别测试样品的名称，通常是客户委托任务书指定的名称，或是同客户沟通协调后的可正确描述样品的名称。

（2）样品型号规格。

记录中应写明实际试验样品的型号规格。

（3）样品数量、样品编号。

记录中应写明样品数量。样品编号应具有唯一性，目的是方便样品流转和存储管理。

（4）样品送检单位（委托人）。

样品送检单位可以是个人或单位。

（5）样品初始状态。

样品的初始状态可能会影响后续的试验或判定，在试验开始前应在试验记录中记录样品初始状态。需对样品的初始状态进行调整的，应记录对样品做出调整的细节。

（6）样品附属件。

当对需要其他设备或附件来保证其正常工作的样品进行测试时，应对这些设备或附件进行确认，将对样品检测结果的准确性造成影响的设备或附件的重要信息（例如名称、型号、编号等）列入记录中。

3. 环境信息

环境信息主要包括对试验结果有影响的环境信息，例如测试时的环境温度和湿度等。

（1）试验时的环境温度和湿度。

当环境温、湿度对检测项目有影响时，应记录测试时的环境温度和湿度。当环境温度和湿度与检测标准/方法中的规定环境温度和湿度有偏离时，应停止测试，直至满足标准要求。

（2）其他环境信息。

如果其他环境条件，例如大气压、海拔条件等对试验项目有影响时，记录中应写明这些环境信息。

4. 人员信息

试验记录中应记录试验项目的检测人员、审核人员以及其他相关人员等人员信息。

5. 试验时间

试验时间应真实记录，可以是某一天、某一个测量周期、一天内的某一段时间，不应在试验时间上刻意模糊时间段。

6. 数据记录（表格）

数据记录（表格）的位置可以是下划线、空格、方框或表格等形式，大小尺寸应充分考虑本项试验数据的特性和各种可能的数据格式。数据记录（表格）应出现在试验记录的适当位置,并与检测标准/方法描述文字相协调。对多个样品的测试,应能体现测试数据与每个样品的关系。

7. 数据判定或结果描述

数据判定的方式应是使用"√""×""P""F""/""N/A""—""合格""不合格""不适用"等清晰、无歧义的描述,并且应在记录的显著位置描述本记录中对数据判定方式的约定。

结果描述应客观、全面。

8. 试验设备信息

试验设备信息包括试验设备的名称、型号、厂家(适用时)、受控编号和校准周期(或校准有效期截止日期)。

9. 场地信息

场地信息为实施试验场所的地址信息,如有多场所,应明确具体的测试场所信息。

10. 检测方法描述

当无明确的标准依据和试验方法时,试验记录中应对测试方法进行详细地、明确地、具有可操作性地描述。

4.2.3 试验数据/现象描述和试验结果的表述

1. 定量表述

定量检测数据的表达应尽可能真实无误地反映测量仪器的输出,包括数值、有效位数、单位,必要时还需要记录测量仪器的测量不确定度。试验结果应使用国家法定的计量单位。

试验数据的记录不能人为地、无事先约定地增加计算或使用计数保留法等对原始数据进行处理。当试验结果是将检测数据的某些计算、计数保留法等处理后的结果或检测数据与检测依据比较后得出的初步结论时,计算及比较的过程也应在记录中予以体现。

2. 定性表述

定性的现象描述应尽可能真实无误地描述试验对象的特征和发生的现象,不能简单地定性表述为"合格、通过、正确"等。例如试验结果为不符合,记录中应有相应的位置填写不符合的测量数据或现象描述,以及不符合的结果表述。

在某些特殊情况下可以使用具有倾向性的表述方式。例如,当某些试验项目是通过定量测量后再进行定性表述的,且某些测量仪器无法获得确定的数值时,试验记录中可使用倾向性的表述方式,如"大于($>$)""小于($<$)"等。

3. 数据处理

试验依据对试验数据应保留的小数位数或有效数字有明确规定的,应严格按照试验依据的要求读取和记录数据。

试验依据对试验项目的限定值的小位数或有效数字有明确规定的,当测量值接近限

定值时,记录的数据应至少比限定值的小位数或有效数字多一位。

测量和计算得出的数据需要进行修约时,若试验依据有相关规定,应按照试验依据的要求进行修约。若试验依据中无相关规定,应按照《数值修约规则与极限数值的表示》(GB/T 8170—2008)的要求进行修约。

4.3　试验记录的管理

4.3.1　试验记录的格式与填写

试验记录应填写在规定受控的表格中,不能临时使用其他纸张代替再转抄补记。

试验记录填写应按照记录内容的要求如实地描述测试过程和测量数据,书写内容应完整、齐全。

对于手写方式的记录,应使用黑色或蓝色的圆珠笔或钢笔作为书写工具,书写清晰、整洁,字体工整。

对于电子格式的记录,应使用规定的字体填写,不得随意更换字号和字体。仪器设备上直接打印的数据、图标、曲线等均属于试验记录范畴。

4.3.2　试验记录的修改

一般情况下,试验记录格式不得随意更改、增补和删减。记录内容如需修改,应由原检测人员或其授权人员进行修改。

修改纸质版试验记录时,应直接将原数据划掉,将正确数据填写在原数据旁边,并在改后的数据旁加盖修改人签章,从而保证数据信息的可追溯性;不允许用涂改液或其他类似手段进行涂改。如果修改对最终结果判定有重要影响的数据,应注明修改的原因。

对于电子版试验记录,为避免原始观察结果或前一个版本信息的丢失或改动,也应采取与纸版记录同等的措施,记录修改前后的信息或数据、修改人员信息和修改日期(必要时需注明修改原因)。

4.3.3　试验记录的签署

试验记录必须由测试人员和审核人员本人签名确认,由本人负责。签名的形式可以是手写签名、盖章(本人姓名)或电子签名(电子化记录)。记录模版中应预留签名的位置。

原则上每一个测试项目都应有测试人员的签名,或每一页记录应至少有一个测试人员的签名;当测试项目记录跨越多页时,应至少保证每页都有签名。每份记录应在显著位置至少留有一处审核人员签名位置。

4.3.4　试验记录的归档

已完成的记录应进行存档,并按客户、上级部门或实验室管理文件要求,确保在保存期限内记录的完整性。记录的保存期限应在记录管理文件中明确规定。

对于书面记录的保存,应考虑档案室的环境和储藏条件,保证记录在保存期限内不会损坏。

对于使用电子记录的文档,应在电子记录完成后的规定时间内,及时上传或保存到指定的办公自动化系统或存储位置中,确保电子记录在保存期限内不会损坏。电子记录的保存,应使用硬盘、光盘等载体存放在专门的干燥盒内,并做好备份。

存档记录的内容涉及客户商业机密或实验室秘密的,应作为机密件进行管理,任何单位或个人未经批准不得查阅。涉及国家机密的记录按国家保密法规处理。

应制定试验记录借阅的管理要求,借阅人员应办理相关手续后才可获取试验记录;借阅人员归还的试验记录,应经过相关管理人员审查确认后再放置回原位置。

4.3.5 过期试验记录的处理

超过保存期限的记录,可按企业/实验室的规定进行处理。企业/实验室应在记录管理文件中规定处理方式,如自行销毁、委托其他机构回收处理等。不管采用何种处理方式,应保证不泄露记录中的信息,尤其是客户的信息和技术。

第 5 章

质量记录

5.1　质量管理体系

质量管理体系文件通常分为 4 个层次：

（1）质量手册。

质量手册是企业质量管理和质量保证活动应长期遵循的纲领性文件，由企业最高领导者批准发布，是实施各项质量管理活动的基本规定和行为准则。

（2）程序文件。

程序文件是质量手册的支持性文件，规定各项质量活动的方法和评定的准则，是执行、验证和评审质量活动的依据。

（3）质量文件。

质量文件主要是各项质量活动的作业指导、作业标准、质量计划等，详细说明某项质量活动如何实施。

（4）质量记录。

质量记录主要是对各类质量活动的过程、结果进行记录。

检测试验人员应以质量手册为基本要求，以程序文件为准则，以质量文件为作业依据，开展质量活动并形成质量记录。

5.2   质量活动的记录

5.2.1   作用

质量记录是质量活动所留下的记录,其作用主要是为质量管理体系有效性运行提供客观证据,包括:

(1)为质量活动及达到的结果提供客观证据。

(2)为正确有效地控制和评价产品或过程的质量提供客观证据。

(3)为评价质量体系的有效性提供客观证据。

(4)为采取预防、纠正和改进措施提供依据。

(5)为评价和验证质量活动提供信息。

5.2.2   类型

1. 产品质量记录

产品质量记录应覆盖产品的全生命周期,主要包括下列类型的文件:

(1)原材料的检验检测报告。

(2)产品规范、图纸、说明书等技术文件。

(3)产品各阶段的检验检测报告及证书。

(4)不合格品及对其处理的记录。

(5)产品质量投诉和采取纠正措施的记录。

2. 检测质量记录

检验检测机构提供的产品是检验检测服务,检测质量记录主要包括:

(1)标准、规程等技术文件。

(2)比对试验和能力验证记录。

(3)试验过程记录。

(4)检测试验报告。

(5)不确定度报告。

3. 质量体系运行记录

质量体系运行记录主要记录质量体系的运行状况,主要包括:

(1)各类质量计划的记录。

(2)人员资格和培训方面的记录。

(3)供应商及其提供的产品相关的记录。

(4)检测试验设备相关的记录。

（5）采取的预防、纠正和改进措施等质量活动的记录。

（6）质量体系审核和评审记录。

（7）各类文件的记录。

5.2.3 要求

1. 填写要求

（1）质量记录填写要清楚，字迹要清晰，不得随意更改，如需更改，则当事人应采用杠改法，即在更改处以单条横线或者双条横线（平行线）划去，在划去处旁边标注签名和日期，标明修改人和修改时间。

（2）质量记录内容要求真实、完整。

（3）记录完毕后，责任人应签写全名。

（4）质量记录表单上栏目均应填写，不适用的栏目应加划斜线标注。

2. 贮存和保管要求

（1）质量记录应可靠贮存、防止损坏或丢失。

（2）质量记录未经批准不得复印、销毁。有关产品检验检测的质量记录复印件须加盖受控文件专用章。

（3）质量记录应归档管理，经相关负责人同意后才可借阅。

（4）超过保存期的质量记录应按程序要求处理（销毁或继续保存）。

5.3 信息化系统

通常，在生产型企业，质量管理信息化系统集成在企业资源计划（Enterprise Resource Planning，ERP）中，贯穿采购、生产、储运和售后等过程，实现对产品质量有关的过程和信息进行收集、分析、处理。

通常，在检验检测机构，通过实验室信息管理系统（Laboratory Information Management System，LIMS）实现对样品管理、资源管理、事务管理、数据管理、报表管理、人员管理、设备管理、方法管理，形成质量监控体系，保证检验检测机构所有的检测数据分析和管理均符合相关质量标准和规范。

这些信息化系统集成了质量管理功能，可按照使用说明进行软件操作使用，大大方便了质量活动的实施，有利于质量控制。

参考文献

[1] 全国减速机标准化技术委员会. 机器人用精密行星摆线减速器: GB/T 37718—2019 [S]. 北京: 中国标准出版社, 2019:8.

[2] 全国齿轮标准化技术委员会. 机器人用精密齿轮传动装置 试验方法: GB/T 35089—2018[S]. 北京: 中国标准出版社, 2018:5.

[3] 全国齿轮标准化技术委员会. 机器人用摆线针轮行星齿轮传动装置通用技术条件: GB/T 36491—2018[S]. 北京: 中国标准出版社, 2018:7.

[4] 全国减速机标准化技术委员会. 机器人用精密摆线针轮减速器: GB/T 37165—2018 [S]. 北京: 中国标准出版社, 2019:1.

[5] 全国减速机标准化技术委员会. 机器人用谐波齿轮减速器: GB/T 30819—2014[S]. 北京: 中国标准出版社, 2014:11.

[6] 机械电子工业部电子标准化研究所. 谐波传动减速器: GB/T 14118—1993[S]. 北京: 中国标准出版社, 1993:11.

[7] 全国冶金设备标准化技术委员会. 减(增)速器试验方法: JB/T 5558—2015[S]. 北京: 机械工业出版社, 2016:1.

[8] 全国自动化系统与集成标准化技术委员会. 工业机器人 性能规范及其试验方法: GB/T 12642—2013[S]. 北京: 中国标准出版社, 2014:1.

[9] 全国自动化系统与集成标准化技术委员会. 工业机器人 性能试验实施规范: GB/T 20868—2007[S]. 北京: 中国标准出版社, 2007:8.

[10] 全国工业自动化系统标准化技术委员会. 工业机器人 特性表示: GB/T 12644—2001 [S]. 北京: 中国标准出版社, 2002:4.

[11] 全国工业机械电气系统标准化技术委员会. 工业机器人电气设备及系统 第3部分: 交流伺服电动机技术条件: GB/T 37414.3—2020[S]. 北京: 中国标准出版社, 2020:4.

[12] 全国自动化系统与集成标准化技术委员会. 机器人与机器人装备 词汇: GB/T 12643—2013[S]. 北京: 中国标准出版社, 2013:12.

[13] 全国安全生产标准化技术委员会. 安全标志及其使用导则: GB 2894—2008 [S]. 北京: 中国标准出版社, 2009:3.

[14] 陕西省市场监督管理局. 检验检测机构资质认定 第5部分: 检验检测报告编制规范: DB61/T1327.5—2020[S/OL]. (2020—06—22)[2020—07—22]. https://www.doc88.com/p—95429037190513.html? r=1.

[15] 全国电气信息结构文件编制和图形符号标准化技术委员会. 电气设备用图形符号 第2部分: 图形符号: GB/T 5465.2—2008[S]. 北京: 中国标准出版社, 2009:1.

［16］全国工业机械电气系统标准化技术委员会.机械电气安全 机械电气设备 第1部分：通用技术条件：GB/T 5226.1—2019［S］.北京：中国标准出版社，2019：6.

［17］全国工业机械电气系统标准化技术委员会.机械电气安全 机械电气设备 第7部分：工业机器人技术条件：GB/T 5226.7—2020［S］.北京：中国标准出版社，2020：6.

［18］全国工业机械电气系统标准化技术委员会.工业机器电气设备 保护接地电路连续性试验规范：GB/T 24342—2009［S］.北京：中国标准出版社，2010：1.

［19］全国工业机械电气系统标准化技术委员会.工业机器电气设备 绝缘电阻试验规范：GB/T 24343—2009［S］.北京：中国标准出版社，2010：1.

［20］全国工业机械电气系统标准化技术委员会.工业机器电气设备 耐压试验规范：GB/T 24344—2009［S］.北京：中国标准出版社，2010：3.

［21］全国无线电干扰标准化技术委员会.工业、科学和医疗机器人 电磁兼容 发射测试方法和限值：GB/T 38336—2019［S］.北京：中国标准出版社，2019：11.

［22］全国无线电干扰标准化技术委员会.工业、科学和医疗机器人 电磁兼容 抗扰度试验：GB/T 38326—2019［S］.北京：中国标准出版社，2019：11.

［23］全国电磁兼容标准化技术委员会.电磁兼容 限值 谐波电流发射限值（设备每相输入电流≤16 A）：GB 17625.1—2012［S］.北京：中国标准出版社，2013：6.

［24］全国电磁兼容标准化技术委员会.电磁兼容 限值 对每相额定电流≤16 A且无条件接入的设备在公用低压供电系统中产生的电压变化、电压波动和闪烁的限制：GB 17625.2—2007［S］.北京：中国标准出版社，2007：9.

［25］全国电磁兼容标准化技术委员会.电磁兼容 限值 对额定电流≤75 A且有条件接入的设备在公用低压供电系统中产生的电压变化、电压波动和闪烁的限制：GB/T 17625.7—2013［S］.北京：中国标准出版社，2013：11.

［26］全国电磁兼容标准化技术委员会.电磁兼容 限值 每相输入电流大于16 A小于等于75 A连接到公用低压系统的设备产生的谐波电流限值：GB/T 17625.8—2015［S］.北京：中国标准出版社，2015：12.

［27］全国电磁兼容标准化技术委员会.电磁兼容 试验和测量技术 静电放电抗扰度试验：GB/T 17626.2—2018［S］.北京：中国标准出版社，2018：6.

［28］全国电磁兼容标准化技术委员会.电磁兼容试验和测量技术 射频电磁场辐射抗扰度试验：GB/T 17626.3—2016［S］.北京：中国标准出版社，2016：12.

［29］全国电磁兼容标准化技术委员会.电磁兼容试验和测量技术电快速瞬变脉冲群抗扰度试验：GB/T 17626.4—2018［S］.北京：中国标准出版社，2018：6.

［30］全国电磁兼容标准化技术委员会.电磁兼容 试验和测量技术 浪涌（冲击）抗扰度试验：GB/T 17626.5—2019［S］.北京：中国标准出版社，2019：6.

［31］全国电磁兼容标准化技术委员会.电磁兼容 试验和测量技术 射频场感应的传导骚扰抗扰度：GB/T 17626.6—2017［S］.北京：中国标准出版社，2017：12.

［32］全国电磁兼容标准化技术委员会.电磁兼容试验和测量技术 供电系统及所连设备

谐波、谐间波的测量和测量仪器导则:GB/T 17626.7—2017[S].北京:中国标准出版社,2017:7.

[33] 全国电磁兼容标准化技术委员会.电磁兼容 试验和测量技术 工频磁场抗扰度试验:GB/T 17626.8—2006[S].北京:中国标准出版社,2007:6.

[34] 全国电磁兼容标准化技术委员会.电磁兼容 试验和测量技术 电压暂降、短时中断和电压变化的抗扰度试验:GB/T 17626.11—2008[S].北京:中国标准出版社,2008:8.

[35] 全国电磁兼容标准化技术委员会.电磁兼容.试验和测量技术.闪烁仪功能和设计规范:GB/T 17626.15—2011[S].北京:中国标准出版社,2012:4.

[36] 全国无线电干扰标准化技术委员会.无线电骚扰和抗扰度测量设备和测量方法规范 第1—1部分:无线电骚扰和抗扰度测量设备 测量设备:GB/T 6113.101—2016[S].北京:中国标准出版社,2016:12.

[37] 全国无线电干扰标准化技术委员会.无线电骚扰和抗扰度测量设备和测量方法规范.第1—2部分_无线电骚扰和抗扰度测量设备.辅助设备.传导骚扰:GB/T 6113.102—2008[S].北京:中国标准出版社,2018:7.

[38] 全国无线电干扰标准化技术委员会.无线电骚扰和抗扰度测量设备和测量方法规范 第1—4部分 无线电骚扰和抗扰度测量设备 辐射骚扰测量用天线和试验场地:GB/T 6113.104—2016[S].北京:中国标准出版社,2016:12.

[39] 全国无线电干扰标准化技术委员会.无线电骚扰和抗扰度测量设备和测量方法规范 第2—1部分:无线电骚扰和抗扰度测量方法 传导骚扰测量:GB/T 6113.201—2018[S].北京:中国标准出版社,2019:1.

[40] 全国无线电干扰标准化技术委员会.无线电骚扰和抗扰度测量设备和测量方法规范 第2—3部分:无线电骚扰和抗扰度测量方法 辐射骚扰测量:GB/T 6113.203—2020[S].北京:中国标准出版社,2020:12.

[41] 全国自动化系统与集成标准化技术委员会.工业机器人特殊气候环境可靠性要求和测试方法:GB/T 39006—2020[S].北京:中国标准出版社,2020:9.

[42] 全国自动化系统与集成标准化技术委员会.工业机器人机械环境可靠性要求和测试方法:GB/T 39266—2020[S].北京:中国标准出版社,2020:11.

[43] 全国自动化系统与集成标准化技术委员会.工业机器人验收规则:JB/T 8896—1999[S].北京:机械科学研究院,1999:12.

[44] 全国电工电子产品环境条件与环境试验标准化技术委员会.电工电子产品环境试验 第2部分:试验方法 试验A:低温:GB/T 2423.1—2008[S].北京:中国标准出版社,2009:4.

[45] 全国电工电子产品环境条件与环境试验标准化技术委员会.电工电子产品环境试验 第2部分:试验方法 试验B:高温:GB/T 2423.2—2008[S].北京:中国标准出版社,2009:5.

[46] 全国电工电子产品环境条件与环境试验标准化技术委员会.环境试验 第2部分:试验方法 试验 Cab:恒定湿热试验:GB/T 2423.3—2016[S].北京:中国标准出版社,2016:12.

[47] 全国电工电子产品环境条件与环境试验标准化技术委员会.环境试验 第2部分:试验方法 试验 Fc:振动(正弦):GB/T 2423.10—2019[S].北京:中国标准出版社,2019:6.

[48] 全国电工电子产品环境条件与环境试验标准化技术委员会.环境试验 第2部分:试验方法 试验 Ea 和导则:冲击:GB/T 2423.5—2019[S].北京:中国标准出版社,2019:4.

[49] 全国电工电子产品环境条件与环境试验标准化技术委员会.环境试验 第2部分:试验方法 试验 Ec:粗率操作造成的冲击(主要用于设备型样品):GB/T 2423.7—2018[S].北京:中国标准出版社,2019:1.

[50] 全国包装标准化技术委员会.包装 运输包装件基本试验 第23部分:随机振动试验方法:GB/T 4857.23—2012[S].北京:中国标准出版社,2013:4.

[51] 全国自动化系统与集成标准化技术委员会.三自由度并联机器人通用技术条件:GB/T 38890—2020[S].北京:中国标准出版社,2020:7.

[52] 龚仲华.工业机器人从入门到应用[M].北京:机械工业出版社,2016.

[53] 杨杰忠 王振华.工业机器人操作与编程[M].北京:机械工业出版社,2017.

[54] 叶晖,管小清.工业机器人实操与应用技巧[M].北京:机械工业出版社,2010.

[55] 苏秦.质量管理与可靠性[M].北京:机械工业出版社,2014.

[56] 张君,钱枫.电磁兼容(EMC)标准解析与产品整改实用手册[M].北京:电子工业出版社,2014.

[57] 胡志强.环境与可靠性试验应用技术[M].北京:中国质检出版社,2016.

[58] 胡志强.振动与冲击试验技术[M].北京:中国质检出版社,2019.

[59] 王黎雯,刘惟凡.电气检测实验室原始记录的编制方法及案例[J].安全与电磁兼容,2017(5):21-25,97.

[60] 王黎雯,陈迪,刘惟凡,等.电气检测实验室原始记录的管理要求[J].安全与电磁兼容,2018(1):31,40.

[61] 邓乐玉,陆健,张嘉,等.电波暗室场地电压驻波比标准测试法介绍和分析[J].装备环境工程,2011,8(4):37-40.

[62] 杨超.电动振动台故障诊断与维修[J].中国科技博览,2012(25):591.

[63] 王清忠.工业机器人可靠性标准化现状分析[J].产业与科技论坛,2019(18):13-51.

[64] 杨安坤,马永红.国内工业机器人环境可靠性检测标准及其设备配置现状[J].开封大学学报,2020,34(01):83-86.